"進化している発酵食品"学

［編著］

佐々木泰子

明治大学出版会

目次

第3章 ヨーグルト発酵を担う2種の
乳酸菌の共生とその生存戦略

第4章 醤油と機能性醤油
―高血圧対応,大豆・小麦アレルギー対応醤油の開発―

第5章　ビール製造と微生物管理
―汚染菌検査技術と生産現場の微生物管理が可能にした日本の生ビール―

第6章　ワイン製造
―進化するワイン製造技術―

"進化している発酵食品"学とは

明治大学農学部 発酵食品学研究室

佐々木泰子

発酵食品は古来，重要な保存食として世界中で食されてきた。特に日本においては味噌・醤油・日本酒・焼酎などの伝統的な発酵食品を始めとして，ヨーグルト・チーズ・チョコレートなどの発酵食品も現代の食生活の中に定着し健康志向の高まりとも相まって，好んで食されている。

　それに伴い発酵食品に関する教科書や本は多数出版されているが，伝統の技術やコンセプトを生かしながら日本の発酵食品が進化してきている実情について，開発者自らが発信している本や教科書は少ない。

　日本の食品企業は日夜研究を重ね，"美味しい"そして"保存性が高い"のみでなく，最新技術に裏付けられた「新しい付加価値を持った発酵食品」を消費者に提供している。この本の編者は明治大学農学部において学部3，4年生を対象にした「発酵食品学」を10年間にわたって担当しているが，大学に来る前に企業に在籍していたこと，そして日本乳酸菌学会の活動を通じて多くの企業の研究者達と知り合う機会があったため，日本の食品企業が開発研究を重ねて「進化している発酵食品」を提供している現状を垣間見ることができてきた。その様な企業の研究者たちに講義してもらい，伝統的な製法を継承した上にある現在の発酵食品について学生達に講義をしてもらってきた。講義の内容は口コミで広がり，対象学科である農芸化学科以外からの受講生も多い人気講義となっている。さらに発酵食品が含む菌体がヒト免疫系に働きかけるメカニズムなどの最新の知見に関しても専門家に講義をお願いして，総括的な理解を深めることを目指している。

　したがってこの本の刊行は"講師たちによって非常に充実したものになった「発酵食品学」の講義内容を，ぜひ受講できない方々にも読んでいただきたい"という希望から始まった。

今回は明治大学出版会から副読本「"進化している発酵食品"学」を刊行する機会を得ることができ，理系の大学生のみならず発酵食品を愛する多くの方々に本書を読んで楽しんでいただければと願う次第である。

　第1章「発酵食品における乳酸菌の役割：おいしさと抗菌効果」
　様々な発酵食品の中で"影の主役"として活躍している乳酸菌に焦点を当て，明治大学の佐々木が紹介する。なぜ，発酵食品のほとんどに乳酸菌が含まれているのか？発酵食品が保存性に優れているのは何故なのか？　その謎を解説する。さらに乳酸菌が示す高い抗菌作用を担う"乳酸"の抗菌メカニズムやバクテリオシンについて触れるとともに，多くの発酵食品で認められる「乳酸菌と酵母の共生」の重要性，また消費者に求められる天然の保存料であるバイオプリザベーションについても紹介する。

　第2章「ヨーグルト発酵技術の進化─脱酸素発酵が可能にしたテクスチャー（食感）─」
　「プレーンヨーグルト」は世界中の人々が家庭で「ヨーグルト」を乳に植え継いで作る事ができるシンプルな食品である。砂糖やフルーツの添加がないために，「従来より優れた商品として差別化」を図ることは困難であった。すなわち，企業としては発酵に用いる乳酸菌の菌株の選抜以外には改良方法が無いと考えられていた。しかしサイエンスに基づいた独自の視点から製造法の改良を行い，現在の無脂肪ヨーグルトでも満足できるテクスチャーを与えることができた"脱酸素法"の概要について，株式会社明治に所属する開発者自らが紹介する。

第3章「ヨーグルト発酵を担う2種の乳酸菌の共生とその生存戦略」

　実際のヨーグルト製造を管理する研究者が「進化しているヨーグルト製造技術」について第2章で紹介したが，第3章ではヨーグルトの乳酸菌に焦点を当てて，彼らの生存戦略とその成功について編者が紹介する。あまり知られていない事実であるが，人気があり多種類販売されているビフィズス菌やプロバイオティクス菌入りのヨーグルトに含まれているビフィズス菌やプロバイオティクス菌の殆どは，ミルクからヨーグルトを作る事ができない。そのためヨーグルトに添加される形となっている。土台となるヨーグルトは2種類の乳酸菌（ブルガリカス菌とサーモフィラス菌）で作られており，この2種類は共存して初めてヨーグルトを発酵できる。明治大学農学部農芸化学科発酵食品学研究室では，ヨーグルトの乳酸菌がなぜ共生すると発酵が早くなるのか，という共生因子の探索や，人に食べられた時に出合う胃酸や胆汁酸などのストレスや冷蔵ストレスに乳酸菌がどうやって立ち向かっているか，などの研究を行っている。本章では紀元前6000年からという長い歴史を持つヨーグルトの発酵を担う2種の乳酸菌が何故共生しているのかという理由を，そのゲノム遺伝子の進化の観点から紹介する。また共生因子の候補遺伝子をノックアウトする[(1)]ことによって共生への影響を明らかにしており，研究室で新たに見出した共生因子についても紹介する。

脚注

(1)―――― 遺伝子操作により目的遺伝子を欠損させて無効化し，その遺伝子の機能を推定する実験手法

第4章「醤油と機能性醤油─高血圧対応，大豆・小麦アレルギー対応醤油の開発─」

　今や，醤油は世界中で愛用されている調味料である。第4章では最初に醤油の歴史や製造方法について，実際に製造に携わっているキッコーマン（株）の研究者による概説がある。その後に醤油における最近の2つの研究開発が紹介されている。1つ目は「塩分を含むものは血圧を上げるから，醤油は高血圧を招く」という概念を逆手に取り，血圧降下作用を有するACE阻害ペプチド（注：4章参照）を多量に含む「大豆ペプチドしょうゆ」開発の話である。ここでは血圧降下の効果とともに美味しさも補填しなくてはならない開発者の苦労が窺われる。2つ目は小麦・大豆アレルギーの人達のためにえんどう豆を原料にして，しょうゆと同じ発酵を経て，濃口醤油に似た呈味特性のものを開発出来た話である。アレルギーのために醤油が食べられないというのは日本人（いまや世界中の人達）にとって何とも寂しい話であり，発酵食品の呈する旨味によって豊かになる"味"を、アレルギーで苦しむ人達にも提供できることは素晴らしいことである。

　第5章「ビール製造と微生物管理─汚染菌検査技術と生産現場の微生物管理が可能にした日本の生ビール─」

　長年ビール製造を脅かす汚染菌の検出と戦ってきたアサヒクオリティーアンドイノベーションズ（株）の著者によるビールの歴史と製造工程の概説，ビールの味を決める酵母について，そしてビールの汚染菌の紹介がある。私も講義を聞いて初めて知ったのだが，1996年以降は世界中で日本だけが瓶ビールも缶ビールも生ジョッキも，ほぼ全て「生ビール」になったこと，これは加熱殺菌履歴が無い"造り立ての新

鮮な香味の生ビール"を日本人が特に好んだ結果であることが紹介されている。しかし，このことは同時にビールの汚染菌を除去するための確実な方法であった"加熱殺菌"を止めることであり，どの様にして汚染菌のいない生ビールを安定に供給するかという解決策が無ければできないことであった。そのための「日本が誇る微生物検査・管理技術」が詳細に紹介されている。実際に世界をリードするビール汚染菌の検査技術の開発者である著者ならではの内容となっている。

第6章「ワイン製造—進化するワイン製造技術—」
"ウィスキーやワインを語ったら右に出るものはいない"と言われる著者による"ワインの歴史，製造工程"そして重要な"ワインの熟成のための条件や，熟成のメカニズム"について詳細な紹介がある。アイスワインや発泡性ワイン，シェリーなどの特殊ワインについても触れられている。また赤ワインを飲むと頭痛がする理由も解明されている。最後に伝統的と思われるワインづくりも新しい技術によって急激に進化してきており，ぶどうの耕作地選択方法から，製造法，熟成法，充填に至るまで様々な局面での技術進化が紹介されている。実際にワイン酵母の育種を手掛け，ワインの開発からテイスティング，そしてマーケティングに至るまでワインのあらゆることを知り尽くしている著者ならでは語りえない内容となっている。

第7章「チョコレート：高カカオチョコレートの開発—Farm to Barをめざして—」
本章の著者達と初めて話した時には，そのチョコレートに対する情熱に感嘆した記憶がある。まだ発酵食品としての認知度が低いチョコ

レートだが，子供の甘いおやつであったものから，現在では高カカオチョコレートとして大人が香りや風味を楽しみ，また健康効果も兼ね備えた嗜好品へと変遷を遂げている。その変遷に伴い，カカオの品質・発酵はより重要性を増してきている。ここではカカオの歴史，チョコレートができるまでの工程，そして特にカカオの品質・発酵について詳しく紹介されている。著者は実際に海外のカカオの栽培農家に出向いてカカオの品質管理，発酵槽の供与や発酵管理の技術指導を行ってきている。大人の嗜好品として，より品質が高く，高ポリフェノールなどの高付加価値のチョコレートの開発には，「Farm to Bar」すなわち原料のカカオ豆・微生物の発酵制御などの現地の農場での品質管理と制御が最も重要であり，それを目指す著者（株式会社明治）の熱気が伝わってくる。

　第8章「腸内細菌と健康・疾病の関わり」
　本章は直接発酵食品製造には関わりないが，発酵食品の健康への寄与を理解する上で重要な腸内細菌に関する基礎情報がわかり易く記載されている。私達は腸内に「腸内細菌叢」というひとつの臓器に値するものを持っており，そこに含まれる膨大な数の菌たちの代謝物や菌体が私達の免疫系に大きな影響を与えていること，そしてその解明に日本人の研究が大きく寄与してきたことが解説されている。「腸内細菌叢」研究の歴史，その研究方法の推移，細菌叢の構成と生態，そして私達の免疫系がこの腸内細菌叢の刺激によって初めて機能できる形に発達すること，腸内菌叢が乱れてしまう「dysbiosis」（注：8章参照）は，私達の病気や疾患に深く関わっていること，プロバイオティクスと腸内菌叢の関係などが紹介されている。さらに以上の様な腸内細

菌叢と病態との関係をどの様に研究して明らかにするかが述べられている。著者は日本の腸内細菌研究の第一人者であり，ヒトフローラマウスを用いて腸内細菌が免疫系に与える影響などを最前線で研究している。その深い知識と経験をもとに，私達に腸内細菌叢の免疫系への関わり方に関して正しい知識と認識を与えてくれる。

　最後に
　この本は各章ごとに独立した内容で構成されているので，興味のある章から読んでいただければと思います。読んだ後に，毎日食しているビールやワイン・醤油・チョコレート・ヨーグルトなどに隠されている進化について思いを馳せていただけたらと願っております。

発酵食品における乳酸菌の役割：
おいしさと抗菌効果

―発酵食品の影の主役としての乳酸菌―

明治大学農学部 発酵食品学研究室

佐々木泰子

はじめに

　[図1-1]には17種類の代表的な発酵食品が並んでいる。この中で乳酸菌がその生産に関わっていない，つまり乳酸菌またはその代謝物を含まない発酵食品はいくつあるだろうか？　17種類中，10個だろうか？　5個だろうか？

　答えはわずか2つ，納豆と食酢である。納豆は納豆菌（枯草菌）のみで作られ，食酢はアルコールから酢酸菌のみの発酵で作られる。図のヨーグルト・チーズ・さらに図には載せていないが"発酵バター"のような乳を原料とする食品はもとより，日本の伝統的な発酵食品である味噌・醤油・糠漬けなどの漬け物の産生にも乳酸菌が重要な役割を

[図1-1]乳酸菌は発酵食品の"影の主役"

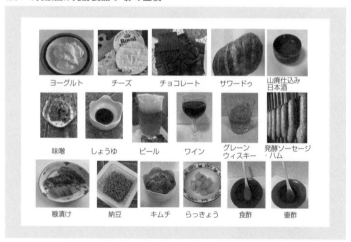

ヨーグルト　チーズ　チョコレート　サワードゥ　山廃仕込み日本酒

味噌　しょうゆ　ビール　ワイン　グレーンウィスキー　発酵ソーセージ・ハム

糠漬け　納豆　キムチ　らっきょう　食酢　壺酢

発酵ソーセージ・ハム：佐賀県有限会社田嶋畜産　田嶋征光氏

[表1-1] 伝統発酵食品に見られる酵母と乳酸菌の共存

食品	麹菌	酵母	乳酸菌
清酒	○	○	○
ワイン	-	○	○
焼酎	○	○	○
泡盛	○	○	○
ウィスキー	-	○	○
壺酢	○	○	○
醤油	○	○	○
味噌	○	○	○
パン種	-	○	○
ケフィア	-	○	○
豆腐よう	○	○	○
キムチ	-	○	○
チョコレート	-	○	○
ザワークラウト	-	○	○
ぬか漬け	-	○	○
らっきょう	-	○	○

文献4を改変

果たしている。またチョコレートや，ちょっと酸味のあるパンであるサワードウ，赤ワインや一部の白ワインの製造にも乳酸菌は働いている。ビールのほとんどは酵母のみが関与するが，近年一部のビールでは乳酸菌が使用されている。すなわち，ほとんどの発酵食品製造に乳酸菌は関与している。

　さらにこの章で注目していただきたいのは，酵母と乳酸菌の共生である。例外はあるが，通常のヨーグルトやチーズは乳酸菌のみの場合が多い。しかしその他の多くの発酵食品では，酵母が活躍しており、それらの発酵食品には必ず酵母を支える乳酸菌が働いていると言っても過言ではない。（[**表1-1**]）

米や大豆を分解して旨味を作るカビや，アルコール発酵を行う酵母のように表立っての華やかな活躍ではないが，乳酸菌は陰で発酵食品造りを支えている強力な助っ人である。この章では発酵食品の中での乳酸菌の働き，また酵母を支える乳酸菌に焦点を当てて紹介していく。まずは"乳酸菌とは"を説明しよう。

1　　　　乳酸菌とは

　"乳酸菌"とは慣用的な呼び方であり，糖を分解して著量の乳酸（取り込んだ糖の50%以上を乳酸に変換）を生産する菌の総称である[1]。細胞形態は長(短)桿菌[**写真1-1**]または球菌，[**図1-2**]のように，厚いペプチドグリカン表層(1)を持つグラム陽性細菌で，運動性がなく，一般的には胞子を作らない（運動性及び胞子について例外がある）。厚くて堅牢なペプチドグリカン表層を持つために，栄養豊富な場所や腸管内などの浸透圧の高い環境に生育するのに適している。

　乳酸発酵には2つの発酵形式：すなわち糖から乳酸のみを生産するホモ型発酵（$C_6H_{12}O_6 \rightarrow 2\,C_3H_6O_3$）と，乳酸の他に炭酸ガスとエタノールを生産するヘテロ型発酵（$C_6H_{12}O_6 \rightarrow C_3H_6O_3 + C_2H_5OH + CO_2$）があり，①絶対ホモ型②通性ヘテロ型　③絶対ヘテロ型に分けられる。

脚注

(1)――――　ペプチドグリカン：真正細菌の細胞膜の外側に層を形成する細胞壁の主要物質。強固な架橋構造で細胞の形態，強度を保持させる。乳酸菌のようなグラム陽性菌ではグラム陰性菌に比較して10倍の厚さがある。

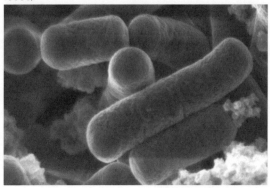

明治大学農学部発酵食品学研究室撮影

［図1-2］グラム陽／陰性菌：ペプチドグリカン層の厚みの違い

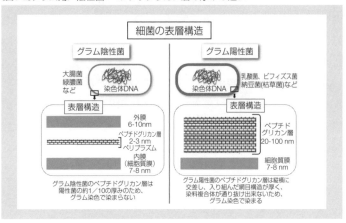

またカタラーゼ陰性，ビタミンB群のうちナイアシンを必須要求する。

　現在では16S ribosomal RNA遺伝子配列の解析を用いた系統分類により，系統学的に*Fermicutes*門，*Bacillus*綱，*order Lactobacillales*（ラクトバチラレス目）に属するすべての細菌が乳酸菌とされており，6科33属から構成されている[2]。この乳酸菌を構成する最大の属は*Lactobacillus*属でその生息場所は発酵食品の原料であるミルク，植物，肉などの他に腸内細菌としても多くが認められている。すなわち一口に乳酸菌といっても膨大な種類（約500種）があり，さまざまな環境に生息しており，また株（私たちの個人にあたる）によってもその性質が大きく異なることが乳酸菌の特質として知られている。逆にいうと，この多様性こそが乳酸菌の特徴である。

　上述のように乳酸菌はカタラーゼ陰性，すなわちカタラーゼを持っていないが，この酵素は過酸化水素（H_2O_2）を水と酸素に変換できる酵素で，これを持っていないということは酸素から発生する活性酸素を処理するのが苦手な菌であることを示す。そのため乳酸菌は基本的には酸素が嫌いな"嫌気性菌"であるが，なんとか酸素を処理できる"通性嫌気性菌"に分類される。また，乳酸菌には活性酸素を分解するスーパーオキシドディスムターゼ（SOD）を所持する菌と所持しない菌がいるため，乳酸菌の酸素に対する応答は大きな幅があり，中には酸素にとても強いものから，酸素があるとコロニー（細胞塊）を形成できないものまで多様である。

　ビフィズス菌はグラム陽性菌で乳酸と酢酸を生産し，腸内細菌として，腸内環境を整える効果が報告されるなど，乳酸菌と共通点が多いが，系統学的にかなり離れた*Actinobacteria*門に属しており，乳酸菌には含まれない。ビフィズス菌はカタラーゼもSODも持っておらず，酸素

が最も苦手な"偏性嫌気性菌"であり，腸内でも嫌気度が強い大腸の一番奥を住処としている。これに対して乳酸菌は小腸を主な住処としている。

この酸素との関係は発酵食品ができるうえで，とても重要なポイントになる。身近なところでは，発酵食品である「糠味噌」は毎日手を入れてかき回すことが大事とされるが，糠床では酸素の好きな有害酵母と酸素の嫌いな乳酸菌の両者のバランスが重要で，攪拌しないと乳酸菌が底の方で生育しすぎてしまい酸っぱくなり過ぎ，また表面に有害酵母が増殖して香りが劣ってしまうことが知られている。

2　　発酵食品における乳酸菌の役割

伝統的な発酵食品は実に長い間食されてきたものであり，製造に関与する乳酸菌は継代に継代を重ねて受け継がれてきたものである。言い換えれば，選抜に選抜が重ねられて生き残ってきた微生物たちの中に必然的に乳酸菌が含まれているということである。ここではその乳酸菌の"必然性"について紹介したい。

乳酸菌の特質として"安全性"が挙げられる。毒性の評価は急性毒性試験，慢性毒性試験など，またゲノムを構成する遺伝子群の中に病原性遺伝子などが含まれていない，などの観点から行われ証明されるが，安全性の評価，まして"安心"の担保となると容易ではない。その場合に，安全性として"ヒトがこれまで長い間食してきた経験"が非常に重要な要素となる。日本の伝統食品に含まれている乳酸菌や麹カビはアメリカ食品医薬品局（FDA）より，「Generally Recognized As Safe

[図1-3]発酵食品で乳酸菌が果たす役割

① 乳酸の高い"抗菌効果" により
   食中毒菌・腐敗を起こす菌などの生育を阻止

   乳酸を始めとする種々の抗菌物質（バイオプリザティブ）を
   生産し保存性を高めている

   乳酸菌による食品微生物制御

② 乳酸発酵の結果、美味しさが増す

   旨味（アミノ酸・核酸）や
   風味(エステル・アルデヒドなど)が生まれる

③ 乳酸によりpH が下がり、発酵食品に欠かせない
   「酵母」が生育する環境づくり

④ 乳酸菌の菌体や代謝物が、腸内細菌叢やヒト免疫機能に
   働きかける効果

イラスト：佐々木久美子氏提供　酵母写真：明治大学　佐藤道夫氏提供

（GRAS）」に認定されており，これは食品添加物に与えられる安全基準合格証で，安全と安心を提供できる菌と認められている。ただし病原性のあるものは"乳酸菌"として受け入れていない，という背景もある。

　[図1-3]に発酵食品において乳酸菌が果たす役割，すなわち乳酸菌が発酵食品に含まれている"必然性"の理由についてまとめた。

　①乳酸菌の高い抗菌効果により，腐敗を起こす菌・食中毒菌など
　　の生育を阻止

　②旨味や風味の増加

　③酵母の生育環境を整える

　④乳酸菌の菌体や代謝物が，腸内細菌叢やヒト免疫機能に働きか

ける効果

第1章では，①②③について詳しく紹介し，④については第8章を参照されたい。

● ━━━━━ **旨味や風味の増加**

まずは，おいしさについて紹介する。乳酸発酵の結果，元の素材よりアミノ酸・核酸が増加することによって旨味が増し，また，生じたエステル・アセトアルデヒドなどにより風味が増す。ヨーグルトの風味として代表されるアセトアルデヒドはほとんど全ての乳酸菌で生成される。アセトアルデヒドは量としては少ないので抗菌効果はないが，風味としては重要である。発酵バターやチーズの香気成分であるジアセチルはミルク中に含まれるクエン酸からピルビン酸を経て一部の乳酸菌で生成される。

これらの旨味や風味は発酵食品が複合微生物系であることから乳酸菌だけの作用でなく，特に酵母との共同作業の結果のことが多い。

● ━━━━━ **酵母の生育環境を整える**

［**表-1**］に示したように，代表的な16種類の伝統的発酵食品では酵母と乳酸菌が共存していることから，両者の間には必然的な共生関係があることが推定される。乳酸菌が生産する乳酸による酸性条件は，しばしば有用酵母の選択に使用される。［**図1-4**］[3] に示すように，有用酵母と有害酵母は同じ属・種である*Zygosaccharomyces rouxii*に分類され有害酵母（産膜性酵母）は環境中に常時存在する。この有害酵母の生育を阻止して，優良酵母だけを選択的に増殖させるために乳酸を排出するのが乳酸菌の仕事である。

［図1-4］発酵：有用酵母と有害酵母

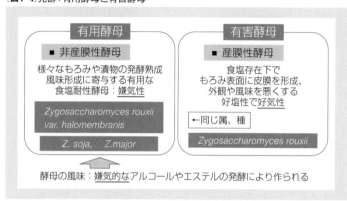

有用酵母

■ 非産膜性酵母

様々なもろみや漬物の発酵熟成
風味形成に寄与する有用な
食塩耐性酵母：嫌気性

Zygosaccharomyces rouxii
var. halomembranis

Z. soja, Z.major

有害酵母

■ 産膜性酵母

食塩存在下で
もろみ表面に皮膜を形成、
外観や風味を悪くする
好塩性で好気性

←同じ属、種

Zygosaccharomyces rouxii

酵母の風味：嫌気的なアルコールやエステルの発酵により作られる

文献3

　後述する清酒の製造には，酒母製造工程において，古来の生酛・山廃造りの技術がある。この技術は低温性乳酸菌を増殖させることで酸性条件になり，優良酵母が優先的に生育し，風味を劣化させる野生酵母の増殖を抑制することであった。また明治時代以降の速醸系清酒造りは乳酸を添加することにより，短時間に安定した酸性条件下で優良酵母を優先的に増やす技術である。

　日本酒などの醸造だけでなく，味噌や醤油の熟成においても酵母の役割はアルコールやエステルなどの発酵にあり，嫌気的な代謝で行われる。したがって，優良酵母は好気条件ではなく嫌気的な条件において活躍するが，製造の環境では好気条件も存在するために，味噌・醤油の場合では麹や環境中から由来する産膜性酵母がもろみの表面に生育して発酵に関与しないのみならず,含窒素物質を分解してベンズアルデヒド,安息香酸その他の不快臭物質を生産して"もろみ"の風

[図1-5] 乳酸菌と有用酵母：相互利益

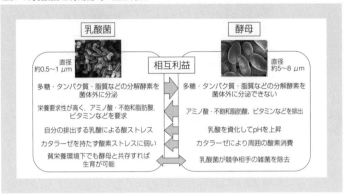

味を害し，また"もろみ"中に生産されるグルタミン酸などの旨味物質を
破壊することも報告されている[3]。有害酵母は漬け液や糠床の表面
に生育して白膜を形成して繁殖するために「白かび」とも呼ばれ，好塩
性で好気性である。これらの有害酵母はエタノールや乳酸を消費して
風味低下・不快臭発生を招き，さらにpHを上昇させるため腐敗細菌
の生育を助ける。

　以上のように有害な酵母の生育を阻止する乳酸菌であるが，[図
1-5]に示すように優良酵母によって乳酸菌が助けられることが多々あり，
乳酸菌と優良酵母の間には共生関係と言える助け合いが存在す
る[4][5]。また物質の交換のみならず，場合によっては壺酢の場合のよ
うに乳酸菌と優良酵母の「凝集」という物理的な変化が観察されること
もある。

　鹿児島の福山酢という壺酢では酵母と乳酸菌が生育を助け合い両

[図1-6]福山酢：坪酢の製造方法と関連微生物

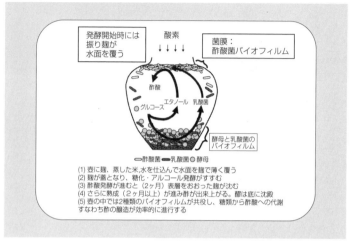

発酵開始時には
振り麹が
水面を覆う

酸素
↓↓↓↓

菌膜：
酢酸菌バイオフィルム

酢酸

グルコース　エタノール　乳酸菌

酵母と乳酸菌の
バイオフィルム

●酢酸菌　●乳酸菌　○酵母

(1) 壺に麹、蒸した米,水を仕込んで水面を麹で薄く覆う
(2) 麹が蓋となり、糖化・アルコール発酵がすすむ
(3) 酢酸発酵が進むと（2ヶ月）表層をおおった麹が沈む
(4) さらに熟成（2ヶ月以上）が進み酢が出来上がる。醪は底に沈殿
(5) 壺の中では2種類のバイオフィルムが共役し、糖類から酢酸への代謝
　　すなわち酢の醸造が効率的に進行する

文献6のFig.4より引用改変。

者が凝集して，バイオフィルム⁽²⁾を作って最終的に酢ができることが古川等の研究により明らかにされている^{[4][5]}。**[図1-6]**^[6]に示すように野外に設置した壺の中に蒸米，米麹，水を入れ，最後に液表面に"振り麹"（乾いた麹）をする。この麹の被膜によって嫌気条件になった壺は，発酵管理を一切行わずに2ヶ月の発酵とその後2ヶ月の熟成により酢ができあがる。最初の嫌気条件下で麹菌がデンプンを分解すると，

脚注

(2)――――数種の菌がコミュニティーを作って増殖し，菌体自身が産生した多糖体を主成分とする"菌体外多糖体"から構成される膜状のものに囲まれた種々の細菌の集合体のこと。菌はバイオフィルムによって様々な外的環境から身を守ることができる。

壺に住みついている乳酸菌が雑菌の繁殖を抑え，酵母がアルコール発酵を始める。両者が凝集して壺の底に沈むと液の表面に好気性の酢酸菌が増殖して酢ができる。酵母と乳酸菌の凝集については後述（[図1-14]）する。

◉──── 乳酸菌の高い抗菌効果により腐敗菌・食中毒菌などの生育を阻止

抗菌効果は発酵食品における乳酸菌の働きの中で，最も重要なものである。乳酸菌の抗菌力では乳酸が主力ではあるが，実は乳酸以外の複合的な要素も加わることによってより強力な抗菌力が生まれ，乳酸菌による食品微生物制御を可能にしている。

そこで，まずは乳酸菌の抗菌力の中でも主要な有機酸（乳酸や酢酸）の抗菌力について紹介し，次に乳酸菌の総合力としての抗菌作用，すなわち乳酸以外にバクテリオシンや過酸化水素などを産生することでトータルとして発揮される"乳酸菌の抗菌力"について"バイオプリザベーション"（後述）という概念を通して紹介する。

◉──── なぜ酢酸や乳酸は抗菌活性が強いのか？

読者の皆さんは，pH4.5の強酸である塩酸と，pH4.5の弱酸である乳酸や酢酸のどちらの方が抗菌効果が強いと思われるだろうか？

強酸というからには塩酸の方が抗菌力がありそうだが，実際は弱酸である乳酸・酢酸の方がはるかに抗菌力が高い。そのメカニズムを[図1-7]と[図1-8]を用いて説明する。

まず，強酸と弱酸の違いから説明する。強酸は水溶液中で常に解離してイオン化しているが，乳酸や酢酸は解離した状態と非解離の状態が混在し，その比率はpHによって異なる。もちろん，塩酸が解離して

[図1-7] なぜ酢酸や乳酸は抗菌活性が強いのか

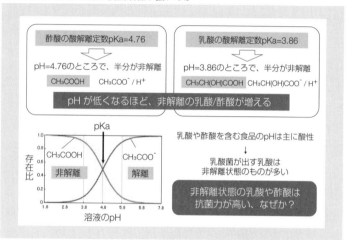

[図1-8] 非解離の有機酸の抗菌メカニズム

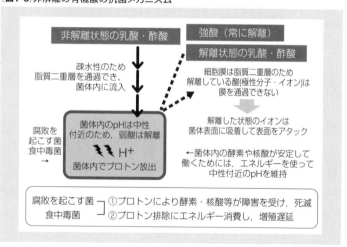

いる時のプロトン（H⁺）や（Cl⁻）イオンは破壊力が高いが，大事なポイントは食中毒や腐敗を起こす菌を含む全ての菌は"細胞膜"という強力なバリアに囲まれていることである。

［**図1-7**］にあるように，酢酸の酸解離定数はpKa=4.76，すなわちpH=4.76では酢酸は半分が非解離（CH_3COOH），半分は（CH_3COO^-とH^+）に解離した状態にある。乳酸の場合はpKa=3.86なのでpH=3.86においては半分が解離，半分が非解離の状態で存在している。両者ともにpHが低くなるほど非解離の状態が増える。酢酸と乳酸の抗菌力の主体は，この非解離の状態の酸である。前述したように，病原菌や食中毒を起こす菌を含めて全ての細菌はリン脂質二重層の細胞膜で守られた状態にあり［**図1-8**］，解離してイオン化している強酸や一部の弱酸はこの膜を通過できないために，マイナスに荷電した膜の外側をプロトンがアタックしている。一方，非解離の弱酸は疎水性のためにこの強力なバリアの膜を通過できてしまう。乳酸や酢酸の入っている食品はpHが低いので，高い割合で非解離状態である乳酸や酢酸が食中毒菌の菌体内にどんどん入ることができる。一方，細菌は酵素タンパクやDNA,RNAなどの核酸が正常に機能するために，菌体内を中性に維持することが求められ，ATPなどのエネルギーを大量に使用しなくてはならない。

このように，菌体内は中性pHのために細胞内に流入した非解離の乳酸や酢酸は，細胞内ではすぐに解離して破壊力のあるプロトンを生ずる。この生じたプロトンによって，①酵素・核酸等が障害を受け菌は死滅する，または，②プロトン排除にエネルギーを消費して増殖の遅延が起こる。というのが弱酸の抗菌作用の内容である。

上述のように解離していない酢酸や乳酸は疎水性なので，細胞膜

を通過して細胞内に流入するが，その流入速度は低pH下で1万分子以上／秒の速さである。したがって食中毒菌や腐敗を起こす菌などの殆どは0.2〜0.5%以上の酢酸存在下では生育できない。これに対して，酢酸菌や乳酸菌は自己の排出する弱酸に対してさまざまな耐性機構を有している。酢酸菌は酢酸濃度が4%以上でも生育可能で，①酢酸を細胞内へ流入しにくくする，②細胞内の酢酸を効率よく消費する，③細胞内の酢酸を細胞外に排出する，④細胞内の環境変化への対応機構をもっていることが報告されている[7]。

　乳酸菌もまた多様な酸耐性機構を所持しており，筆者は腸管由来の乳酸菌でプロバイオティクスとしてヨーグルトに添加されている*Lb. gasseri*の酸耐性について，胃酸耐性試験やマイクロアレイ解析，そして蛍光プローブを用いた細胞内pHの測定などを行って調べた。乳酸菌の中でも*Lactobacillus*属は一般的に酸耐性が強く，胃酸の条件下でも生残率が高いが，特に対象株は強い酸耐性を示した。細胞内pHの測定からは当該菌が細胞外のpHが2.5でも生きていて，細胞内をpH3.5に維持できていることが認められた。またマイクロアレイ解析からは，①シャペロン類によるタンパク質の保護，②ヌクレアーゼによる核酸の管理，③輸送系と解糖系を活発化させてエネルギーを獲得し，増殖は停止して，代謝をストレス応答に切り替え，プロトンを排出，④マロラクティック発酵で紹介する脱炭酸酵素系による細胞内アルカリ化とエネルギー獲得，⑤細胞表層の変化などの多重のメカニズムがダイナミックに働くことが認められた[8]。

　[**表1-2**]に酢酸と乳酸の最小発育阻止濃度[3][9]を示す。一般的に抗菌効果は酢酸のほうが強いが，対象の菌やpHによってそれぞれの特徴が認められる。

[**表1-2**] 酢酸と乳酸の最小発育阻止濃度（%）

微生物		酢酸			乳酸		
		pH5.0	pH6.0	pH7.0	pH5.0	pH6.0	pH7.0
細菌	Lactobacillus brevis	2.5	>5.0	>5.0	2.0	2.5	3.0
	Streptococcus faecalis	1.5	3.5	>5.0	1.5	2.0	2.0
	Pediococcus pentosaceus	1.5	4.0	4.5	1.5	2.5	2.5
	Escherichia coli	1.5	3.5	3.5	1.5	2.5	2.5
	Bacillus subtilis	0.1	3.5	3.5	2.5	3.0	3.5
	Bacillus cerreus	0.25	1.5	3.5	3.0	4.0	4.0
	Serratia marcescens	0.5	3.0	>5.0	2.0	2.5	3.5
	Staphylococcus aureus	0.5	3.0	>5.0	2.0	3.5	4.5
真菌	Saccharomyces cerevisiae	1.5	>5.0	>5.0	>5.0	>5.0	>5.0
	Hansenula anomala	1.0	3.5	>5.0	>5.0	>5.0	>5.0
	Aspergillus oryzae	0.125	3.5	4.5	>5.0	>5.0	>5.0
	Penicillium oxalicum	0.5	4.5	>5.0	>5.0	>5.0	>5.0

「バイオプリザベーション」 幸書房、1999年 松田敏生、森地敏樹著、p.44より引用

　細菌に対してはpH 5 以下の酸性域では酢酸のほうが乳酸より低濃度で菌の生育を阻害できること，pH 6 ～ 7 の中性域では乳酸の方が酢酸より低濃度で阻害できること，またカビや酵母などの真菌に対しては乳酸は酢酸と異なり，抗菌作用を示さないが，これから述べる乳酸以外の抗菌物質が働くために，醸造製品において有害なカビや酵母も抑えることができる。

脚注

(3)———— MIC：minimum inhibitory concentration：一夜培養における微生物の視認できる発育を阻止する抗微生物物質の最小濃度。

[表1-3]食品保存方法とバイオプリザベーション

```
┌─ 食品の保存方法 ────────────────────────────────┐
│                                                           │
│ (1) 低温保存      -2〜-3℃（食品中の水分凍結温度）以下では微生物の活動は    │
│                   低下するがほとんど死んではいない。常温に戻せば活動が再開  │
│                                                           │
│ (2) 低水分活性による保存   乾燥法・塩蔵・糖蔵・燻煙法              │
│                                                           │
│ (3) 酸性よる保存   乳酸発酵・酢酸発酵の利用：ピクルス、酢漬けなど          │
│                   微生物の耐熱性は酸性pH下では低下するため、加熱は効果的     │
│                                                           │
│ (4) 密閉よる保存   缶詰、瓶詰、ソーセージ、レトルト食品、脱酸素剤：ボツリヌスに注意 │
│                                                           │
│ (5) 防腐剤        人工的な保存料の添加                        │
│                                                           │
│ (6) バイオプリザベーション                                   │
│                                                           │
│   ：食品として、または食品とともに、何らの害作用が無しに食べてきた          │
│   植物・動物あるいは微生物起源の天然の抗菌物質（バイオプリザバティブ）を     │
│   利用した食品保存法                                        │
│                                                           │
└───────────────────────────────────────────┘
```

●──────"バイオプリザベーション"としての乳酸菌[9]

　[表1-3]に食品の主な保存方法 6 つを示す。

（1）低温保存：冷蔵庫，冷蔵車の普及により近年急速に普及した
　　保存法である

（2）低水分活性による保存：従来使用されてきた乾燥または，塩
　　蔵・糖蔵・燻煙法などにより水分量を低下させて微生物の活
　　性を抑える方法である

（3）酸性よる保存：従来使用されてきた乳酸発酵や酢酸発酵の利
　　用である

（4）密閉による保存：従来使用されてきた瓶詰めや缶詰の技術で
　　あり，近年ではレトルト食品(気密性のある容器で密封後に，120℃で

4分以上の高温・高圧で殺菌された食品)や脱酸素剤(密閉容器の中を脱酸素状態にすることでカビの発生や油脂の酸化を防ぐ)も含まれる

(5)防腐剤：抗菌・静菌作用がある安息香酸ナトリウムなどの人工保存料を使用する方法

(6)バイオプリザベーション：これは食品として，または食品とともに，何らの害作用が無しに食べてきた植物・動物あるいは微生物起源の天然の抗菌物質（バイオプリザバティブ）を利用した食品保存法である。

◉———バイオプリザベーションの生まれてきた背景

バイオプリザベーションが必要とされる背景には，近年，食品の低温流通の発達によってコンビニエンスストア・スーパーなどで，調理済み食品やデザート食品の販売量が飛躍的に増大したこと。また，特に日本では多様な食品で低塩化が進んでいることにより，食品の保存性が低温管理によって維持されている動向がある。さらに調理済み食品（ready-to-eat）の多くはサラダ，サンドイッチ等のように，品質保持のため完全な加熱殺菌が適用できないものが多い。したがって，低温性食中毒細菌（*Listeria monocytogenes*）などが潜在的な脅威となっており，その制御が求められている。

[**表1-4**]にバイオプリザベーションの意義とその対象食品を示す。低温保存が主流になってきた背景には，食生活の質的な向上に伴い，できるだけ素材の特徴を生かした，ナチュラルで新鮮感覚の食品，すなわち過度な加熱を避け，化学的な合成保存料ではなく，天然の保存料を効果的に使用することへの関心が高い消費者の存在が大きい[9]。

バイオプリザバティブ，すなわちバイオプリザベーションとして働く物

[表1-4] バイオプリザベーションの意義とその対象食品

◆ バイオプリザベーションの意義

近年、食生活の質的な向上に伴い、できるだけ素材の特徴を生かした、ナチュラルで新鮮感覚の食品が求められている。過度な加熱を避け、化学的な合成保存料ではなく、天然の保存料を効果的に使用することへの関心が高い。

◆ バイオプリザベーションの対象

・現状の加工・保存方法では十分に対応できない食品
・品質向上のため、より温和な条件で製造もしくは殺菌を行いたい食品
・合成保存料の低減
・製造コストを低減したい食品

◆ バイオプリザバティブ

酢酸・乳酸などの有機酸・エタノールなどのアルコール類・卵白リゾチーム・バクテリオシンなどの抗菌性タンパク質

◆ バイオプリザベーションの最も典型的な例

発酵食品

質には，酢酸・乳酸・ギ酸・プロピオン酸などの有機酸エタノールなどのアルコール類，ジアセチルなどのケトン，アセトアルデヒドなどのアルデヒド，卵白リゾチーム・バクテリオシンなどの抗菌性タンパク質などが挙げられる。以上を考えると，バイオプリザベーションとは決して新しい概念ではなく，発酵食品そのものがその例だということがわかる。しかし，異なる点はこれまでは発酵食品を作るうえで，自然発生的に乳酸菌やその他の抗菌物質が含まれていたが，近年は食品保存の目的で「乳酸菌の培養上清や菌体の添加」が考えられている点である。

　以下に代表的な低温性の食中毒菌を示す。これらの細菌は食品を冷蔵庫に保存しているときにも食品中で増殖し，食中毒の原因となるために低温下での微生物制御が必要となる。

[**図1-9**]枯草菌の胞子形成

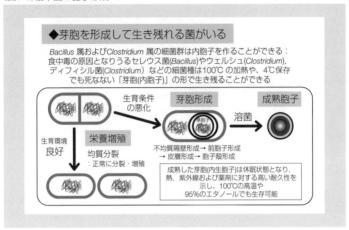

◆芽胞を形成して生き残れる菌がいる

Bacillus 属および*Clostridium* 属の細菌群は内胞子を作ることができる：
食中毒の原因となりうるセレウス菌(*Bacillus*)やウェルシュ(*Clostridium*),
ディフィシル菌(*Clostridium*) などの細菌種は100℃ の加熱や、4℃保存
でも死なない「芽胞(内胞子)」の形で生き残ることができる

栄養増殖
生育環境
良好
均質分裂
：正常に分裂・増殖

生育条件
の悪化

芽胞形成

不均質隔壁形成→ 前胞子形成
→ 皮層形成→ 胞子殻形成

溶菌

成熟胞子

成熟した芽胞(内生胞子)は休眠状態となり,
熱、紫外線および薬剤に対する高い耐久性を
示し、100℃の高温や
95%のエタノールでも生存可能

リステリア菌(*Listeria monocytogenes*)，ボツリヌス菌(*Clostridum botulium*)，セレウス菌（*Bacillus cereus*），3 菌は全てグラム陽性細菌であり，ボツリヌス菌とセレウス菌は特に芽胞(内生胞子)を作ることができるため耐熱性が高いことが問題となる。ボツリヌス菌の毒素は神経毒素で最も強いと言われ，蜂蜜で問題となった小児ボツリヌス中毒の原因として恐れられている。

芽胞を形成すると120℃で 4 分，100℃で360分以上の加熱をしなければ菌は死なず，90℃ 60分の加熱にも抵抗性を示す。非常に厄介な菌である。

●————芽胞[10]

ここで芽胞について簡単に説明する。[**図1-9**]に示すように，芽胞は

[図1-10]芽胞細菌

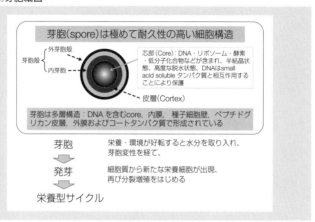

芽胞(spore)は極めて耐久性の高い細胞構造

芽胞殻
- 外芽胞殻
- 内芽胞

芯部(Core):DNA・リボソーム・酵素・低分子化合物などが含まれ、半結晶状態、高度な脱水状態、DNAはsmall acid soluble タンパク質と相互作用することにより保護

皮層(Cortex)

芽胞は多層構造:DNA を含むcore，内膜，種子細胞壁，ペプチドグリカン皮層，外膜およびコートタンパク質で形成されている

芽胞 → 栄養・環境が好転すると水分を取り入れ、芽胞変性を経て、

発芽 → 細胞質から新たな栄養細胞が出現、再び分裂増殖をはじめる

栄養型サイクル

セレウス菌・枯草菌やクロストリジウムにとって，生き残りのための大事な戦略である。

　増殖が困難な高温・低温・乾燥などストレス条件や低栄養条件に局面すると，通常の栄養増殖をやめて芽胞の形成を開始する。[図1-10]のように芽胞の芯部にはゲノム情報が入った核染色体が凝集し，リボソームとタンパクの一部を濃縮，硬い被膜で覆い包み，呼吸などの代謝はほとんど停止した状態となる。

　芽胞では生物活性をほぼ完全に休止し，成熟した内生胞子は休眠状態となり，熱，紫外線および薬剤に対する高い耐久性を示し100℃の高温や95％のエタノールでも生存可能となる。そして栄養，環境が好転すると水分を取り入れ，芽胞変性を経て，細胞質から新たな栄養細胞が出現，再び分裂増殖を始める。

セレウス菌と同じ*Bacillus*属である枯草菌（*Bacillus subtilis*）は病原性はないが、味噌作りで問題となる汚染菌であり、どうしても原材料に付着してくるために芽胞への対処が重要になってくる。現在では原料を120℃にできる圧力釜によって滅菌して芽胞を処理する味噌蔵が多い。

この芽胞を逆手にとった発酵食品が"納豆"である。

●──── 納豆

現在では発泡スチロールの容器に入って売られている"納豆"がほとんどだが、藁で茹でた大豆を包んで発酵させた物が従来の"納豆"である。通常、藁には雑菌が多数付着しているが藁を蒸したり茹でたりして熱湯消毒を行うことで、枯草菌（納豆菌）の芽胞だけが生き残る。この藁で茹でた大豆を包み38 〜 42℃で16 〜 24時間発酵させることで納豆ができあがる。その後5 ℃以下で冷蔵し、納豆菌を休眠させてから出荷する。昔の人は芽胞という知識はなかったが、経験的に納豆菌のみを選抜していたのである。

ここからは乳酸菌の産生する抗菌物質を紹介する。

●──── 乳酸菌が産生する低分子抗菌物質

乳酸菌は以下に示すように乳酸以外にさまざまな抗菌物質を産生し排出する[1]。

（1）有機酸（乳酸及び酢酸など）

ホモ型の乳酸菌は乳酸のみだが、ヘテロ型は酢酸も産生する。乳酸及び酢酸の抗菌活性は前述したように、単に菌体外のpH低下によるものではなく、非解離型の有機酸の細胞内への透過と、細胞内でのプロトン放出による。

（2）ジアセチル・アセトアルデヒド

ヨーグルトやチーズでは乳酸菌が産生するフレーバー成分であるが，抗菌活性を示す。しかし，量が少ないのでその抗菌活性は弱い。

（3）過酸化水素

*Lactobacillus*属が酸素を消費して変換し，生産する過酸化水素は抗菌活性を示す。また過酸化水素は乳中では乳に含まれるラクトパーオキシダーゼ（LPO：ヘム結合性の糖タンパク質）とともに作用すると抗菌活性が非常に高くなる。牛乳中に多く含まれるラクトパーオキシダーゼは，唾液成分であるチオシアン酸イオンと過酸化水素の反応を触媒し，抗菌物質となる次亜チオシアン酸を生成。食品汚染菌（サルモネラなど）の増殖を抑えることが報告されている。

（4）その他の低分子抗菌物質

エタノール，フェニル乳酸，3'ヒドロフェニルなどがある。

●————乳酸菌が産生する高分子抗菌物質バクテリオシン[11]

抗菌物質の中でも注目されているのが，［**表1-5**］に示すバクテリオシンである。

多くの乳酸菌がバクテリオシン（抗菌性ペプチドまたはタンパク質）を産生し，上述の食品保存のうえで問題となる芽胞に対して抗菌力を示す。ここでは天然の"安全な"食品保存料として期待されているバクテリオシンのうち，日本で食品保存料として認められているナイシンAについて［**図1-11**］に紹介する。

バクテリオシンは大きくクラスⅠとクラスⅡに分類され，ナイシンAが含まれるクラスⅠはランチオニンという特殊な架橋構造（リボソームで合成された後に，翻訳後修飾で作られ，チオエーテル結合した2つのアラニン残基から構

[表1-5]乳酸菌が産生する高分子抗菌物質バクテリオシン

天然の"安全な"食品保存料として期待されている

① 抗菌ペプチド(タンパク質)

　　通常の蛋白質と同様の機構(リボソーム)で生産される

② 食中毒菌・病原菌に対して抗菌作用、

③ 耐熱・耐酸性

④ 近縁のグラム陽性菌に対し強い抗菌活性

Bacillus 属と*Clostridium* 属を含むグラム陽性菌に対して効果がある

⑤ 安全性が高い乳酸菌によって生産され、ヒト・動物内の

　　腸管の消化酵素で分解される

⑥ 抗生物質と異なり、耐性菌を生じにくい

[図1-11]ナイシンとは、その抗菌特性

① チーズ乳酸菌*Lactococcus lactis* によって生産
② 1928年にナイシンA 発見、1969年にWHO とFAO によって認可
　　世界50カ国で食品保存料として広く実用
③ 日本2009年；新規食品添加物として認可、今後利用の拡大

ナイシンの抗菌特性

効力を示す菌種	効力を示さない菌種
<グラム陽性菌全般>	<グラム陰性菌>
(広い抗菌スペクトル)	大腸菌
ボツリヌス菌	サルモネラ
セレウス菌・枯草菌	カンピロバクター
リステリア	緑膿菌
乳酸菌	カビ・酵母
耐熱性好酸性菌	
ミクロコッカス	

[図1-12]バクテリオシンはなぜ耐性菌を生じにくいのか

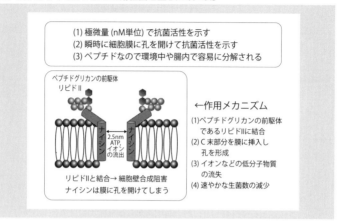

(1) 極微量 (nM単位) で抗菌活性を示す
(2) 瞬時に細胞膜に孔を開けて抗菌活性を示す
(3) ペプチドなので環境中や腸内で容易に分解される

ペプチドグリカンの前駆体
リピドⅡ

ナイシン 2.5nm ATP,イオンの流出 ナイシン

リピドⅡと結合→細胞壁合成阻害
ナイシンは膜に孔を開けてしまう

←作用メカニズム

(1)ペプチドグリカンの前駆体であるリピドⅡに結合
(2)C末部分を膜に挿入し孔を形成
(3)イオンなどの低分子物質の流失
(4)速やかな生菌数の減少

文献1のp.315より引用

成される)を有しており, 耐熱, 耐酸性に優れている。

[**図1-12**] にはバクテリオシンの特徴とされる"なぜバクテリオシンは抗生物質と異なり, 耐性菌を生じにくいのか"とバクテリオシンの作用機作[1]について示す。

バクテリオシンはナノモル単位というごく微量で作用する。抗生物質はμM単位で作用するため, 1/1000の濃度である。またリピドⅡに作用することで瞬時に膜に穴を開け殺菌することや, ペプチドなので環境中や腸内で容易に分解されることで, 耐性菌が出現する時間がないことが挙げられる。

ナイシンAはチーズや缶詰などを中心に種々の食品に使用されており, オーストラリアやイギリスでは無制限に使用が許可されており, アメリカでは制限があっても10,000(IU/g)[(4)]と高濃度である[12]。

日本では芽胞菌が問題となる味噌醸造でスターターに添加したり，明太子などではバイオプリザティブとして多用されているポリリジン［放線菌(Streptmyces)属の発酵物であり，L-リジンが25－35個直鎖状につながった天然の抗菌剤］との併用で使用されている。またキレート剤との併用(メロン)，高圧処理との併用(液卵)，CO_2ガス置換の併用(スモークサーモン)，真空包装・低温殺菌との併用（マッシュポテト）などの形で使用されている。耐性菌が出にくいとされているバクテリオシンではあるが，抗菌物質のみの継続的利用は，感受性の低い菌の存在もあり問題となる。その解決法が上記のようにバクテリオシンを単独で使用するのではなく，他の処理・抗菌物質や殺菌法と併用する方法である。

　「ハードルテクノロジー」はLeistnerによって提唱された考えで[1]，複数の処理による相加的・相乗的効果を狙うことであり，加熱処理などの単独処理ではなく，製品劣化を引き起こさない程度のマイルドな処理を複数組み合わせることで，食品中の腐敗を起こす細菌や病原菌の増殖を抑制する技術のことである。食品中の腐敗を起こす細菌や病原菌は複数の種類が存在し，その菌によって一つの処理に対する耐性はさまざまであることからも有効であると考えられる。これによって　①耐性菌の出現を抑え，かつ個々の処理の軽減が可能になる②その結果，処理による食品劣化を最低限に抑えることができ，かつ処理コストの低減化ができる。

　［図1-13］はハードルテクノロジーの概念と，乳酸菌体が産生する複

脚注

(4)――――1IUは精製ナイシンAの25ngに相当。

[図1-13]ハードルテクノロジーとは（上図），乳酸菌のハードルテクノロジー（下図）

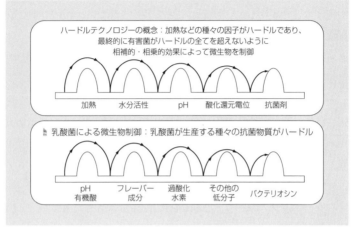

ハードルテクノロジーの概念：加熱などの種々の因子がハードルであり、
最終的に有害菌がハードルの全てを超えないように
相補的・相乗的効果によって微生物を制御

加熱　　水分活性　　pH　　酸化還元電位　　抗菌剤

乳酸菌による微生物制御：乳酸菌が生産する種々の抗菌物質がハードル

pH　　フレーバー　　過酸化　　その他の　　バクテリオシン
有機酸　　成分　　水素　　低分子

文献1のp.420より引用

数の抗菌物質が複数のハードルとなり得ることを示している。乳酸菌
が生産する抗菌物質は1つ1つの単独では効果が不十分であるが，
相加的・相乗的効果により腐敗を起こす菌などを制御できる力が増強
される。

3　　　さまざまな発酵食品と乳酸菌

[表1-6]に世界の発酵食品と使用（検出）されている乳酸菌の属種を
示す。前述したように乳酸菌の種類は多いために，乳や植物などの
環境によってさまざまな菌が登場する。また発酵食品は自然発生的に

[表1-6]世界の発酵食品と使用(検出)されている乳酸菌の属種

発酵産物	乳酸菌*
味噌・醤油・アンチョビの塩漬け	*Tg. halophilus*
日本酒(生酛)	*Leu. mesenteroides var sake, Llb. sakei* など
ワイン(マロラクティク発酵)	*Oc. oeni, Leu. mesenteroides, Lpb. plantarum, Leb. brevis* など
壺酢	*Leu. mesenteroides, Leu. citeum, Lpb. plantarum* など
ウイスキー	*Lib. fermentum, Leb. brevis, Lpb. plantarum, Lcb. casei, Lc. lactis* など
サワーブレッド、パネトーネ	*Fructilactobacillus sanfranciscensis, Lpb. plantarum* など
ザウアークラウト	*Lpb. plantarum, Leb. brevis, Leu. mesenteroides* など
ピクルス	*Lpb. plantarum, Leu. mesenteroides, Lpb. pentosus* など
糠漬け	*Lpb. plantarum, Ped. pentosaceus, Tg. halophilus* など
キムチ	*Leu. mesenteroides Lpb. plantarum, Leb. brevis* など
発酵ソーセージ	*Llb. sakei, Llb. curvatus, Lpb. plantarum, Ped. acidilactici* など
発酵オリーブ	*Ped. acidilactici, Ped. pentosaceus, Lpb. plantarum* など
チェダーチーズ、ゴーダチーズ	*Lc. lactis subsp. lactis, Lc. lactis subsp. cremoris* など
パルメザンチーズ	*Lb. delbrueckii subsp. bulgaricus, S. thermophilus* など
発酵バター	*Lc. lactis subsp. lactis, Lc. lactis subsp.cremoris* など
バターミルク	*Lc. lactis subsp. lactis, Lc. lactis subsp.cremoris* など
ヨーグルト	*Lb. delbrueckii subsp. bulgaricus, S. thermophilus*
プロバイオティクスヨーグルト	*Lcb. casei, Lb. helveticus, Leb. brevis, Bif. bifidum, Lpb. plantarum* など
ケフィア	*Lb. kefir, Lb. kefiranofacies, Leb. brevis* など

*略 *Tg.*: Tetragenococcus, *Leu.* Leuconostoc, *Lb*: Lactobacillus, *Oc.*:Oenococcus, , *Lc*: Lactococcus,
Bif : Bifidobacterium, *Ped.* Pediococcus, *S.* Streptococcus, *Lpb.*: Lactiplantibacillus,
Llb : Latilactobacillus, *Lcb*:Lacticaseibacillus, *Leb*:Levilactobacillus, *Lib*:Limosilactobacillus,

生じた産物であり，環境中の複合微生物系が反映されるために複数の微生物または複数の乳酸菌が一つの発酵食品に関わっている事も多く，それらの菌がその時期ごとに交代することもある。以下それぞれの発酵食品製造に関与する乳酸菌について紹介していきたい[13]。

● ────── ヨーグルト

ヨーグルトの定義は，特にヨーロッパにおいて*Lactobacillus delbrueckii*

subsp. *bulgaricus*（*Lb. bulgaricus*）と *Streptococcus thermophilus*（*St. thermophilus*）の 2 種類の乳酸菌発酵によるというコーデックスの国際規格が重要視されており，日本のヨーグルト（発酵乳）の定義とは異なっている。ヨーグルト製造に関しては第 2 章に詳しく，また第 3 章では上記の 2 種の乳酸菌は単菌ではうまく  ヨーグルトを作れず共生することが必要であることに焦点を当てて紹介したい。

●──── チーズ

　最古の発酵食品の 1 つであるチーズは，世界に1000種類以上，主なものでも100 〜 300種類があり，特にフランスでは多く350種以上と言われている[1]。使用される乳酸菌はチーズの種類により，また国や地方，工場によって実に多様である（[**表1-6**]）。一般的には，乳酸菌は 2 つの目的すなわち酸生成と風味生成のために使用されるので，その目的に合った菌を複数混ぜて使用されている。スターターとして乳酸菌が用いられる場合は中温性スターターとして [**表1-6**] に掲載してある代表菌株（球菌の*Lc. lactis*とその仲間及び*Leu. mesenteroides*），高温性スターターとしてはヨーグルトにも使用されている*Lb. bulgaricus, St. thermophilus*などの他に，風味づけとして（*Lb. paracasei, Lb. rhamnosus*）などが使用される場合もある。

　ナチュラルチーズは非熟成タイプと熟成タイプに分けられ，前者にはカッテージチーズ，モッツアレラチーズなどが含まれ，後者には①乳酸菌のみで熟成させるゴーダチーズやチェダーチーズ，②プロピオン酸菌を加えたエメンタールチーズ（気泡あり）や，リネンスキンを加えたウ

[表1-7]チーズにおける乳酸菌の役割

1. 酸醸成：増殖時に生成する乳酸によってpHが下がることにより、

   ・乳を凝固させるレンネットの働きを促進する

   ・有害微生物の増殖抑制及びホエー排除の促進

   ・チーズに程よい酸味を付与

2. 風味の付与：乳酸菌は、熟成中にチーズの内部で酵素を分泌し、

   呈味成分や香気成分を生成

   ・カゼインを分解し旨味成分であるアミノ酸を生成

   ・チーズに特有の香り成分（ジアセチル、アセトイン）を生成

オッシュタイプチーズなど，③白カビ（カマンベール）や青カビ（ブルーチーズ）を加えて熟成させるタイプがある。したがって［**表1-6**］に掲載してある菌はごく一部に過ぎない。以上のように菌株が明らかなスターターを使用しているチーズが多いが，パルミジャーノ・レッジャーノのように伝統的なスターターを継承していて菌株が不明な場合もある。興味深いことに，［**表1-7**］にあるクレモリス菌（*Lc. lactis* subsp. *cremoris*）は多くのチーズに含まれる菌であるが，自然界からは全く分離されないことから，チーズを食する長い歴史の中でチーズの中だけで生存してきた"特化された菌"であると考えられている[16]。［**表1-7**］にチーズにおける乳酸菌の役割を示す。

● ──── 発酵バター

　日本では一般的なバターは非発酵だが，ヨーロッパのように乳文化が長い地域では発酵バターは主流であり，乳からクリームを分離して殺菌し，チーズと同様に*Lc. lactis, Lue. mesenteroides*などをスターターとし

て発酵させることで乳酸，酢酸，ジアセチル，ラクトン類などの香り豊かで酸味のあるバターができあがる。

プロバイオティク発酵乳

　ここで乳酸菌の健康効果について軽く触れる。詳細は第8章を参照されたい。1989年にFullerによって定義された「プロバイオティクス」とは「生きて腸まで届き，腸内細菌叢とのバランスを整え，宿主の健康に有益な働きをする微生物またはその微生物を含む食品」である。乳酸菌やビフィズス菌がその代表とされる。乳酸菌の機能として上記の①腸内環境の改善の他に②抗変異原，抗腫瘍③免疫賦活④血中コレステロール低下⑤血圧降下⑥アレルギー低減などさまざまな報告があり，その効果は菌種，菌株依存のことも多く，多様である。

　「プロバイオティック発酵乳」とは宿主の腸内環境を整える目的のためにプロバイオティクスとして，腸管由来乳酸菌やビフィズス菌を*Lb. bulgaricus, St. thermophilus*などが作る発酵乳に添加したものである。ビフィズス菌や*Lb. johnsonii, Lb. gasseri*などは腸内常在菌であり，ミルクを発酵する能力はないために，別の培地で培養したのちに発酵乳に添加される。しかし腸内常在菌の*Lb. acidophilus*はホモ乳酸発酵の能力を有し，発酵乳やヨーグルト製造に使用され，プロバイオティクスミルク（アシドフィルスミルク）として，特に米国では高いシェアを持つ。

　日本でもプロバイオティクス発酵乳は人気が高く，乳製品乳酸菌飲料として，ヤクルト（*Lb. casei*），BF-1（*St. thermophilus/B. bifidum*），グリコ（株）のスポロン（*Lb. helveticus / St. thermophilus*），殺菌した乳製品乳酸菌飲料のカルピス（*Lb. helveticus/Saccharomyces cerevisiae*），また乳製品ではない乳酸菌飲料として森永乳業（株）のマミー（*Lb. helveticus*），カゴメ（株）のラブレ（*Lb.*

[**図1-14**] ケフィア中の酵母と乳酸菌の接着による共凝集

ロシア、コーカサス地方発酵乳ケフィア

・乳酸菌*Lactobacillus keranofasiens*は「ケフィラン」と呼ばれる多糖を生産，
　酵母と乳酸菌の共凝集（下記）によって「ケフィアグレイン」が作られる
・ケフィアグレイン(Kefir grains)を種菌として牛やヤギ，羊の乳に植えることで作られる
・伝統的なケフィア：常温で一晩ラクトースを発酵することにより
　　　　　　　　　　　＜酸・炭酸・微量のアルコール＞を生じる。
　　　　　　　　　　　薄いヨーグルトと同程度の濃度の飲み物として飲まれている

共凝集のメカニズム

 乳酸菌　共凝集　酵母

乳酸菌が細胞表層に提示する
DnaK,GroEL やGrycelaldehyde-3-p
dehydrogenase (GAPDH)などの
タンパク質が接着因子として働く

表層多糖：マンナン蛋白，骨格多糖：β1,3-グルカン
乳酸菌は酵母表層マンナンの分岐鎖の
マンノースを認識して接着する

写真提供　乳酸菌：佐々木、酵母写真：明治大学　佐藤道夫氏提供

brevis），日本ルナのビッギー（*Lb.plantarum*）などがある。

⊛──────**ケフィア**[14]

　ケフィアはコーカサス地方の伝統的な発酵乳であるが，日本でもその保健効果が期待され，「ヨーグルトきのこ」として知られている。乳酸の他に微量のアルコールを含む。ケフィア中には[**表1-6**]で示された乳酸球菌，乳酸桿菌の他にも酵母や酢酸菌など30種近くの多菌種が報告されている。

　[**図1-14**]に示すように，乳酸菌と酵母がお互いを認識して接着し，凝集体を作ることが報告されている[5]。

⊛──────**チョコレート**

　チョコレートは本書の第7章に詳しく載っているが，カカオ豆の発酵

には乳酸菌，酵母，酢酸菌が関与している[15]。このカカオ豆の発酵はいずれも小さい工場や家庭で行われており，スターター管理されていないので関与する微生物も多様であることが推定される。乳酸菌に関してはLb. plantarum, Leu. mesenteroidesが多いが，その他にもLb. pentosus, Lb. curieaeやWeissella paramesenteroidesなど数菌種の関与の報告がある。

● サワードウ

アメリカのサンフランシスコサワーブレッド，ドイツのライサワーブレッド，イタリアのパネトーネなど，欧米では古くから酸味のあるパン＜サワーブレッド＞が食されている。乳酸菌と酵母がサワードウの発酵に関与しているが，特にパンの味・香りや風味に乳酸菌の果たす役割が大きい。サワードウは伝統的に種継により発酵が行われており，純粋培養のスターターではうまく発酵しないことが知られている。このパン種を植え継ぐ伝統的な手法がサワードウの特徴であり，ヘテロ型の乳酸発酵をする乳酸菌が数十種類関与していることが報告されている[16]。

主要な乳酸菌は旧分類のLactobacillus属に所属する菌であるが，その中で多様な種の関与が見出されている。特に主要な乳酸菌として有名であるFructilactobacillus sanfranciscensisは前述のチーズ中のLc. cremorisと同様にサワードウの中だけで見出される"特化した乳酸菌"である。サワードウ内では乳酸菌と酵母が共生しており，サワードウの安定した発酵には酵母の菌数の安定化が重要だが，共生する乳酸菌の菌種によっては酵母と糖源であるマルトースを取り合って酵母の菌数が減少することも報告されている。

[**図1-15**] 生酛・山廃酛における乳酸菌と清酒酵母の関係

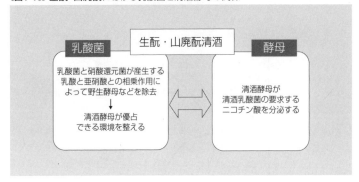

生酛・山廃酛清酒

乳酸菌
乳酸菌と硝酸還元菌が産生する
乳酸と亜硝酸との相乗作用に
よって野生酵母などを除去
↓
清酒酵母が優占
できる環境を整える

酵母
清酒酵母が
清酒乳酸菌の要求する
ニコチン酸を分泌する

⦿─────**生酛・山廃酛の日本酒**

　日本酒づくりの元となる酵母を大量に純粋培養して増やす工程を
「酛」または「酒母づくり」といい，良い「酛」の条件として雑菌や野生酵
母などの有害菌の繁殖を抑えるために乳酸を必要量含んでいることと，
発酵に適した活性を示す優良な酵母であることが求められる。この「酒
母」の作り方には2種類＜生酛系酒母＞と＜速醸系酒母＞があり，
現代の多くの日本酒では酵母を増やす「酒母造」の段階で，「速醸法」
すなわち乳酸を添加している。またスターターとして純粋培養酵母を
使用する。しかし，「速醸」法が発明される以前，江戸時代からの伝
統的な日本酒の作り方は「生酛(きもと)造り・山廃仕込み」といって，乳
酸菌（及び硝酸還元菌）が発酵して生産する乳酸などを利用して優良酵
母を増やしていた [**図1-15**] **および** [**図1-16**]。また現代でも「速醸」法に
比較して比率は低いが，作り続けられている手法である。

　「生酛・山廃酛」の日本酒は乳酸以外に乳酸菌の代謝物であるアミ

[図1-16] 微生物の生存競争を利用した酒母づくり：山廃もとにおける微生物の消長

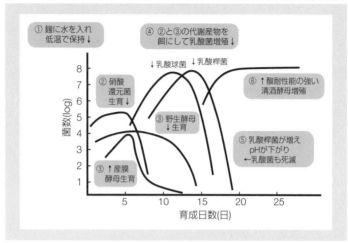

① 麹に水を入れ低温で保持↓
② 硝酸還元菌生育↓
③ ↑産膜酵母生育
③ 野生酵母生育
④ ②と③の代謝産物を餌にして乳酸菌増殖↓
↓乳酸球菌 ↓乳酸桿菌
⑤ 乳酸桿菌が増えpHが下がり←乳酸菌も死滅
⑥ ↑酸耐性能の強い清酒酵母増殖

菌数(log)
育成日数(日)

生酛・山廃造りでは①蒸米2：麹1：水3の割合で6〜7℃の低温で保持しながら「櫂すり」作業で蒸米の糖化を促進，仕込み水や麹に由来する硝酸還元菌（シュードモナス）が亜硝酸を生成，②③で不良酵母が生育するが④乳酸菌が増殖し，亜硝酸と乳酸により野生酵母が殺されて，最後は清酒酵母のみが増殖する（[14]の図を改変）。

文献1のp.403より引用

ノ酸や有機酸を含むために，風味が複雑で奥行きのあるものに仕上がっている。一方，通常の日本酒は速醸酛といって乳酸菌発酵の代わりに乳酸を添加しているために，品質が安定していて，すっきりした味わいになっている。従来の「生酛・山廃酛」では，乳酸菌の発酵管理が難しく，[図1-15] および [図1-16] に示すように乳酸菌によって優良酵母を選択増殖できる「利」がある一方で，乳酸菌による発酵の失敗（麹の腐造や火落ち菌という汚染乳酸菌による日本酒の変敗）の危険性が高かった。生酛作りでは [図1-16] の様に乳酸球菌としては*Leu. mesenteroides*，乳酸桿菌としては*Llb. sakei, Leb. brevis*が働いている[14]。

[**図1-17**] 生酛・山廃と速醸酛の清酒酵母の細胞膜

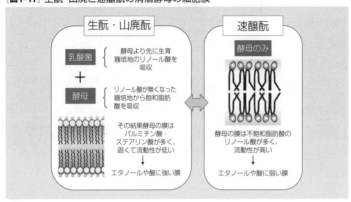

しかし小栁は次世代シークエンス法による16S rRNAメタゲノム解析から，乳酸菌の優勢化が認められる「山廃もと」において，その発酵初期に通常みられる硝酸還元菌がほぼ検出されなかった事例を報告しており[17]，[**図1-16**]に示される以外の多様な菌遷移の可能性を示唆している。

溝口[18]は生酛づくりの酵母は，アルコール耐性が高いために自らのアルコールで弱ることがなく，アルコール発酵の最後まで生残率を高く保ち活性を示して糖を消費できる結果，辛口で清澄の酒ができること。その原因として先行して繁殖する乳酸菌（*Leu. mesenteroides, Llb. sakei*など）によって米麹中の不飽和脂肪酸であるリノール酸（18:2）が消費されて，飽和脂肪酸のパルミチン酸（16:0）が残り，それを吸収する酵母の細胞膜脂質はパルミチン酸が豊富となることが原因であることを報告している[**図1-17**]。一般に細胞膜の脂肪酸は不飽和脂肪酸が多いと流動性に富み，養分の取り込みも活発になるため増殖に適しているが，乳酸

菌は自ら不飽和脂肪酸を合成できないために培地からの取り込みに依存している。生酛づくりのような低温条件下では，乳酸菌は自らの細胞膜の不飽和脂肪酸を増やして低温ストレス耐性を高めることによって生存を図ることが，我々の研究室でも観察されている。

一方，［**図1-17**］に示す生酛づくりの酵母は，パルミチン酸のような飽和脂肪酸が多く，膜の流動性は減って膜が固くなるために，外界のストレス（エタノールや有機酸）に対して強くなる。速醸もとでは乳酸菌は共存しないため，酵母の膜の脂肪酸組成はリノール酸が多くなり，その結果アルコール耐性が低いことが認められた。

●────**味噌**

伝統的な日本の発酵食品である味噌の製造は，味噌の原料の収穫に依存していた背景があるため，地方によって「米味噌」「麦味噌」「豆味噌」「混合型」と，異なる味噌を食してきた。今なお地方文化が認められる食品であり，全国的には「米味噌」が最も多い。味噌の味は「麹歩合」（大豆に対する米（麦）の重量比率のことで，米 / 大豆 × 10で表現される）と「塩の配合」で大きく決まる。

［**図1-18**］に示すように，製造方法は「分解型」「発酵型」の 2 つに分けられ，製造方法によって関与する微生物が一部異なる。「分解型」とされる甘味噌・西京味噌は，熟成期間がほとんど無く，発酵させずに麹菌由来のデンプンのアミラーゼによる酵素分解が主となるために甘い味噌となる。麹歩合が高く，すなわち米（麦）に対して大豆の比が小さく，塩分は低く，関与する微生物は麹菌のみとなる。

また愛知・三重・岐阜の 3 県でシェアの高い豆味噌は，大豆麹を用いて大豆と食塩水のみからつくる味噌であり，大豆にはデンプン・

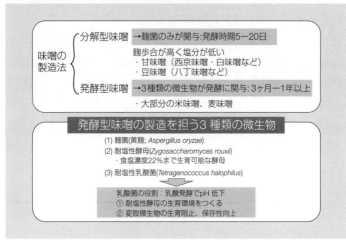

糖などの発酵基質が少ないため，麹菌由来のプロテアーゼによるタンパク質の酵素分解が主となり，「分解型」に分類される。一方，大部分の米味噌や麦味噌は「発酵型」で，麹歩合を低く仕込み，雑菌の繁殖を防ぐ食塩濃度で，長期間熟成させる。麹菌の他に酵母・乳酸菌による発酵が重要となる［図1-18］。

「発酵型」では仕込み後の発酵で，耐塩性の乳酸菌が増殖してpHを5.5以下に下げることによって，耐塩性の優良酵母（*Zygosaccharomyces rouxii*）が増えてくる。味噌および醤油醸造に関与する乳酸菌は4連（テトラ）球菌であることと"塩が好き"という名前の*Tetragenococcus halophilus*で，高度な好塩性，すなわち塩濃度が5〜10%で良好な生育を示す。この乳酸菌が味噌醸造の後期に主要な菌叢を占めて，味噌の熟

成においては，熟成のみならず「塩慣れ」効果や，原料臭，未熟臭の除去，熟成中の着色抑制などの重要な役割を果たす。

味噌醸造初期には*Enterococcus faecalis*などの中程度の耐塩性を示す*Enterococcus*属乳酸菌が働いて麹などに由来する雑菌の生育を阻害し，味噌の明るい色調("さえ")を保つなどの有用な働きをすることも報告されている。

味噌は仕込み時に食塩を加えるために非耐塩性の雑菌や野生酵母は死滅する。また主要な汚染菌である枯草菌（*Bacillus subtilis*）の栄養細胞は塩分で死ぬが，前述したように"芽胞"は生き残るために，特に流通量の多い味噌加工品では枯草菌の生菌数は問題となっている。そのためナイシンの使用や，味噌由来の乳酸菌でバクテリオシン産生能を持つ乳酸菌の使用などが検討されている[19]。

⦿━━━━醤油

醤油製造でも味噌製造と同様に麹菌，耐塩性酵母，そして耐塩性乳酸菌の*Tetragenococcus halophilus*が重要な役割を果たす。この乳酸菌は海水の5倍という高い塩分濃度のしょうゆ諸味の中で乳酸発酵を行い，著量の乳酸を出して，酵母に住みやすい環境を与えると同時に醤油に風味を与える。本書4章に詳しいので，そちらを参照されたい。

⦿━━━━ビール

ほとんどのビールにとって乳酸菌は"汚染菌"であり，「ビールが腐る」というのは乳酸菌が増殖してしまった状態である。しかし近年，乳酸菌添加の酸味のあるビールが一部では好まれるようになっており，発酵前にスターターとして加えたりされている。こちらも本書第5章を参照さ

れたい。

◉──── 赤ワイン，白ワイン

　ワイン製造などについては本書第 6 章に詳しいので，ここではワインの一次発酵終了後に，*Oenococcus oeni* などの乳酸菌をスターターとして添加する二次発酵の"マロラクティック発酵"について紹介する。特に乳酸菌にとって"マロラクティック発酵"はどのような意味があるのかという視点から触れてみたい。

　マロラクティック発酵はほとんど全ての赤ワインと，シャルドネを用いて樽熟成させる白ワインなどで行われる。ワインづくりの上では，マロラクティック発酵によってぶどう果汁にもともと存在する酸味の強いリンゴ酸 $HOOCCH(OH)CH_2COOH$（COOHを 2 個所有）が，より酸味のやわらかい乳酸 $CH_3CH(OH)COOH$（COOHを 1 個所有）に変換されてまろやかな味となり，また乳酸菌が増えることで雑菌を抑えて安定したワインづくりができるようになる必須の過程である。では，乳酸菌にとってはどのようなメリットがあるのか？

　[図1-19] に示すのは代表的なマロラクティック発酵の乳酸菌である *Oenococcus oeni* で，この乳酸菌は酸性条件下で効率的にマロラクティック発酵ができるためにスターターとして最も使用されている。リンゴ酸は弱酸でその解離定数は $pKa_1 = 3.4$，$pKa_2 = 5.13$ であり，弱酸条件下ではリンゴ酸は 1 個の H^+ と結合した状態で *Oenococcus oeni* に取り込まれ，リンゴ酸脱炭酸酵素によって乳酸に変換される。この脱炭酸はプロトンの消費を伴うので，プロトンが減ることで細胞内はアルカリ化することができる。

　生成された乳酸は非解離の乳酸（電荷が無い）のために，膜透過性

[図1-19]マロラクティック発酵によるエネルギー生成機構

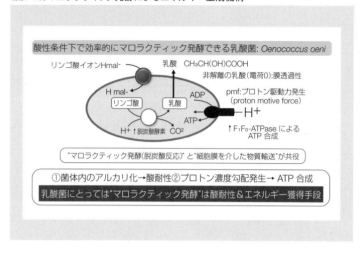

であり，菌体外へと拡散していく。リンゴ酸が脱炭酸酵素によって使用されると，濃度勾配が駆動力となり菌体外のリンゴ酸が菌体内へ入ってきて脱炭酸反応は継続する。細胞内ではプロトンが減るので，細胞外との間にできたプロトン勾配によりpmf（proton motive force）が生ずる。菌体膜に存在するF_1 Fo ATPaseにプロトンが流入すると，そのエネルギーでモーターが回り，生じた回転エネルギーからプロトン4つでATPが1つできる。すなわち，リンゴ酸を乳酸に変える脱炭酸反応は，*Oenococcus oeni*にとって一挙両得の反応であり，細胞内pHがアルカリ化して酸耐性能を獲得すると同時に，プロトン濃度勾配が菌体外と中で発生することによりATP合成，すなわちエネルギー獲得ができるという乳酸菌にとって歓迎すべき出来事なのである[1]。

発酵ソーセージ，生ハム

　食の欧米化が進んでいる日本だが，食肉発酵の分野は比較的遅れており，日本の発酵ソーセージや生ハムは製造期間が短いため，欧米に比較して微生物の関与が低く，香りに乏しいとされる。

　発酵ソーセージは塩漬けした豚挽肉と脂身に乳酸菌などのスターターを加え，さらに食塩・亜硝酸塩・糖質・香辛料を添加して，粘りが出るまで混合後にケーシング（腸詰）に充填し，発酵を開始する。熟成期間が12〜14週間と長い"ドライソーセージ"と，1〜4週間と短い"セミドライソーセージ"がある。

　スターターは乳酸菌以外に酵母，CNS（コアグラーゼ陰性ブドウ球菌）などが使用される。乳酸菌スタータとして，*Latilactobacillus sakei*, *Latilactobacillus curvatus*, *Lactiplantibacillus plantarum*, *Pediococcus acidilactici* などが使用され，乳酸・酢酸を生成してpHを低下させて食中毒菌の生育を抑制するとともに，酸性化により色調を冴えさせて筋肉タンパク質の凝固反応を進行させる。またアルコール・アルデヒド・エステル・ケトン類などの香気成分を生成して，発酵ソーセージ特有の香りを与える[1]。

ウィスキー・焼酎

　意外なことにウィスキーや焼酎にも乳酸菌が関与しており，その風味に寄与している。ウィスキーの場合，発酵初期では乳酸菌は汚染菌として発酵停止を引き起こし，アルコール収率が低下するなどの悪影響を与える。逆に発酵後期に乳酸菌が増殖すると［**図1-20**］，モルトウイスキー中の甘い香気成分であるγ-デカラクトンとγ-ドデカラクトンが酵母との共同作業で生産される[20]。

[図1-20]マロラクティック発酵によるエネルギー生成機構

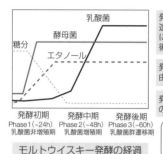

発酵初期：モルトウィスキーの発酵は速く，酵母は12時間で10^8 cells/mLに達する。糖分が枯渇して，酵母はその後急激に死滅

発酵中期：酵母にかわって，麦汁や樽由来のエタノール耐性の乳酸菌が増殖開始

発酵後期：酵母の自己消化物由来のオリゴ糖を糖源とする乳酸菌が増殖

後発酵の乳酸菌はモルトウィスキーに必要な複雑な香味（甘い香り）の形成に寄与

乳酸菌
酵母菌
糖分
エタノール

発酵初期　　発酵中期　　発酵後期
Phase1(~24h)　Phase2(~48h)　Phase3(~60h)
乳酸菌非増殖期　乳酸菌増殖期　乳酸菌群遷移期

モルトウイスキー発酵の経過

文献1のp.408より引用改変

　焼酎においても同様で，クエン酸を資化し酢酸やオフフレーバーであるジアセチルを生成する腐造乳酸菌（*Limosilactobacillus fermentum*）がいる一方で，*Lactiplantibacillus plantarum*の添加によって桃など果実様の香り（γ-ラクトン香）が増強された焼酎や，乳酸菌が醪中で生成する乳酸およびカプロン酸を焼酎酵母が効率的にエステル化させることで，乳酸エチルおよびカプロン酸エチルといった好ましい香気成分を著量含む米焼酎などの開発も行われている[21]。

● ─────菜漬け（すんき漬，すぐき漬，ザワークラウト）[14]

　最近は漬物も低塩化が求められるが，古くから食されている乳酸菌を利用した無塩の菜漬けがある。"すんき"は赤かぶの葉およびからし菜の葉を原料としており，木曾地域の食文化として木曾地域に限られて摂取されてきた。この地方は塩が貴重だったために塩を添加せず

に乳酸発酵させた漬物であり，*Lb. delbrueckii* subsp. *sunki*などを含む。近年は"すんき"にアレルギー軽減作用がある事が報告されている[22]。

"ザワークラウト"はキャベツをうす塩で漬けたドイツの伝統食で，キャベツを刻み，塩を足して発酵開始し，数ヶ月15℃（以下）に置くことで，乳酸桿菌*lactobacilli*と酵母が生育する。発酵は3つの時期に分けられ，時期によって菌交代が起こる：①初期：嫌気性菌 *Klebsiella*, *Enterobacter*, *Weissella*などヘテロ発酵乳酸菌が生育

②中期：細菌の生育旺盛，*Leu. mesenteroides*や他の*Leuconostoc*亜種が優勢菌となる③後期：多様な*Lactobacillus*種:*Leb. brevis*, *Lpb. plantarum*が生育してpHが下がり，有害な*Clostridium botulinum*（ボツリヌス菌）の生育阻止をする。

"すぐき（酸茎）"は京都の上賀茂神社の社家で栽培された酸茎カブ「すぐき」と「塩」だけで漬けこむ。江戸時代初期の頃から上賀茂の特産漬物であり，検出された乳酸桿菌*Lb. brevis subsp. coagulans*は免疫賦活活性が高いプロバイオティクスとして使用されている。

◉─────**糠漬け**

近年糠床を維持する家庭は減ってきている傾向にはあるが，冷蔵庫に保管すれば毎日攪拌する必要がなくなったことや糠味噌の健康効果が知られてきており，今後も残したい身近な発酵食品とされている。糠床の微生物は酵母と乳酸菌が主体であり，［**図1-21**］にあるように糠床ができる初期にはグラム陰性菌が主体であるが，熟成が進むと乳酸菌が主体となる。また"菌交代"といって乳酸菌の中でも時期によって優勢菌種が変遷する。これまでは培養による寒天プレート法の結果より*Lpb. plantarum*, *Tg. halophilus*, *Ped. pentosaceus*, *Leb. brevis*, など

[図1-21]糠漬け：乳酸菌と酵母

■糠漬けの微生物：乳酸菌と酵母が主体

・糠床形成初期：グラム陰性菌が主体

↓

・熟成進行：乳酸菌が主体

Lb. plantarum, P. pentosaceus,
T. halophilus, Lb. brevis , Lb. kimuchii
Lb. acetotolerans が優勢種

■酵母：*Candida krisei* 優勢（50-70%）、*Candida etchellsii*（20-30%）

糠床は非常に複雑な"乳酸菌叢"を持つ

が検出されてきた。しかし中山ら[23]が糠床の乳酸菌の菌叢解析を分子生物学的手法によって調べたところ，*Lb. acetotolerans*が糠床熟成期には優先種となり，糠床の形成と熟成に重要な働きをすることを見出した。この菌は増殖速度が遅いために寒天プレート法などの培養法では検出することがきなかったのである。このように，複合微生物系である発酵食品中の菌叢解析には分子生物学的手法が有効であり，近年データも蓄積されつつある[24]。

●——— らっきょう[25][図1-22]

野菜の中でも最も食物繊維が多く，健康効果から注目されているラッキョウは酵母と乳酸菌の発酵によって生産される。発酵初期に乳酸菌が増殖し，pHを低下させて酵母の生育環境を整える。ラッキョウはフルクタンを多量に含み，このフルクタンを分解する菌体外酵素を所持する*Lb. plantarum*が生育すると美味しいラッキョウができる。

らっきょう：収穫後
⇩
塩水漬け(10%塩度) ◀─下漬け開始3日目から乳酸菌増加

乳酸発酵開始 10日目には10^8、3-4週間目には10^4〜10^6 CFU/mL
Lb. plantarum, P. pentosaceus, Leu.mesenteroides
⇩
大量の泡物発生 ◀─20日目頃から酵母が生育 　最大：10^4 CFU/mL

10日間の漬け込み中に0.3%の乳酸生成

📝 乳酸発酵により　・風味向上・加工時の褐変を防ぎ白くなる
　　　　　　　　　・良い発酵香を付与・歯切れが良好

📝 らっきょう：食物繊維含量が最も高い野菜
📝 フルクタン発酵性が重要：*Lb. plantarum*のフルクタン分解菌体外酵素
　によりフルクタン(フルクトース分子の重合体)が果糖に分解される
　　　　この菌が増殖すると美味しいラッキョウができる、
　　　　　発酵不良の樽：*Leu. mesenteroides* 増加

●───── **キムチ**

　韓国の伝統的な発酵漬物であるキムチは，近年日本で最も食される漬物となっている。野菜類を塩漬し，水を切ってトウガラシ，ニンニク，果物，アミやイカ，小魚などの塩辛類の薬味と合わせて漬け込み作られるが，韓国のキムチと日本のキムチでは使用される唐辛子も材料もかなり異なることが多い。韓国では以前は冬場の貴重な野菜供給源として，秋の終わりに家庭で大量につくられ大きな陶器に入れて土に埋めて貯蔵されていたが，現在ではキムチの発酵と貯蔵を目的とした"キムチ冷蔵庫"が開発され一般家庭に広く普及している。

　キムチ発酵に関与する乳酸菌に関しては，キムチの材料が地域および季節によって異なり，また発酵温度もさまざまなために一貫性のある結果が得られにくい。これまでは培養法によって優勢菌種は初期には

Leu. mesenteroides,中期には*Lpb. plantarum*, *Leb. brevis*, *Ped. cerevisiae*など
が検出されていた。しかし，16S rDNA 塩基配列を利用した系統発
生学的分類法により，全過程で発酵に関与しているのはWeissella属
であり，発酵初期には*Leuconostoc*属だが中期以降には*Lactobacillus*属，特
に低温・酸性環境下に適応できる乳酸菌である*Llb. sakei*が多く生息し
ていた。さらにキムチのメタゲノム解析もされており[26]，その結果から
は上記の*Leuconostoc*属，*Lactobacillus*属，*Weissella*属が優勢であるという
同様の結果が得られたが，その他にバクテリオファージすなわち細菌
に感染するウィルスの遺伝子が多数検出され，キムチの発酵にファー
ジの影響が大きいという興味深い報告がある。

●——— **壺酢**

　本章で前述したように，九州の鹿児島で作られる福山酢という壺酢
では乳酸菌が働いて香味を加えている。酵母と共生しているのでその
例として，取り上げた。

4　　　おわりに

　本章では，乳酸菌に焦点を当ててさまざまな発酵食品を紹介してき
た。発酵食品の影の主役である乳酸菌の働きは，（1）腐敗菌や食中
毒菌の増殖を抑えることができる主要な因子として，乳酸菌が産生す
る乳酸をはじめとしたバクテリオシンなどの抗菌物質の寄与が大きいこ
と（2）安全に食することができ，旨味や風味を与える特質（3）優良酵
母との共存によってお互いが増殖しやすい環境づくりが可能になり，

結果として質の高い発酵食品が出来上がることである。

　また，これまでの「保存食としての発酵食品」以上の価値を有する"バイオプリザベーション"として，乳酸菌の包括的な抗菌効果に期待が高まると想定される。すなわち，ハードルテクノロジーの概念は精製（粗精製）した抗菌物質の添加よりも，抗菌物質を含んだ培養上清よりも，乳酸菌体そのものの添加が最も抗菌効果が高いことを示唆しており，これまでは伝統的に発酵食品を作るためのスターターであった乳酸菌を，抗菌効果の目的のみで添加する可能性が提起されてきている。今後乳酸菌はプロバイオティクスのみならず，バイオプリザベーションの抗菌剤としての用途も拡がると考えられる。

　さらに，最も大きなテーマである"持続可能な社会"の実現にとって重要な課題である「植物由来・微生物由来のタンパク資源の活用」に＜抗菌力と風味・旨み＞を付与できる"乳酸発酵"は欠かせないアイテムであり，今後の新しい乳酸発酵食品の開発が期待される。

　このように更なる利用が期待されている乳酸菌については，産官学ともに応用研究が盛んであるが，将来を見据えた基礎的な研究も必須であり，近年のゲノム情報をもとにした網羅的な手法による基礎研究と同時に，発酵工学や遺伝子機能の解明などの知見が重ねられる必要がある。また，発酵食品は複合微生物系であり，例えば酵母と乳酸菌の共生状態下の研究は，双方の遺伝子発現や代謝経路も変化し複雑な系となるために，これまでは解析困難なことが多かった。しかし，今後は身近になったRNAシークエンスやメタボローム解析などの新たな技術によって可能になると想定される複合微生物系の解析研究の成果を元にして，新たな"発酵食品"が開発されると期待される。

引用文献

[1]――――乳酸菌とビフィズス菌のサイエンス：京都大学学術出版会,2010

[2]――――「Bergey's Manual of Systematics of Archaea & Bacteria」第3版: Wiley Online Library, 2017

[3]――――「酵母の産膜性と非産膜性」中浜敏雄, 日本醸造協会誌, 70:637, 1975

[4]――――「伝統発酵にみる微生物の共生と進化」森永康・平山悟・古川壮一, 日本乳酸菌学会誌, 26:101, 2015

[5]――――「乳酸菌と酵母の共存と共生」：古川壮一・片倉啓雄, 生物工学会誌, 90:188, 2012

[6]――――「発酵と醸造のいろは」第1章第3節, 森永康, p.32 エヌ・ティー・エス社, 2017

[7]――――「酢酸菌の酢酸耐性機構について」惠美須屋廣昭, 日本乳酸菌学会誌, 26:118, 2015

[8]――――「抗ピロリ菌活性を持つ乳酸菌のアレイ解析と酸耐性機構」佐々木泰子, バイオサイエンスとインダストリー, 62:17, 2004

[9]――――「バイオプリザベーション」 森地敏樹・松田敏生, 幸書房出版, 1999

[10]――――「枯草菌芽胞の研究を振り返って」渡部一仁, 日本薬学会誌133:783, 2013

[11]――――「乳酸菌利用技術の発達と今後の展望」森地敏樹, 日本乳酸菌学会誌, 9:69, 1999

[12]――――「ナイシン類稀な抗菌物質」益田時光・善藤威史・園元謙二, ミルクサイエンス, 5:59, 2010

[13]――――'Lactic acid bacteria: their antimicrobial compounds and their uses in food production', Rattanachaikunsopon, Phumkhachor, Annals of Biological Research, 1:218. 2010

[14]――――「乳酸発酵の新しい系譜」（チーズと乳酸菌）森地敏樹, 中央法規社, 1996

[15]――――Functional role of yeasts, lactic acid bacteria and acetic acid bacteria in cocoa fermentation processes」Vuyst L.D, et.al, FEMS Microbiology Reviews, 44:432,2020

[16]――――*Lactobacilli* in sourdough fermentation, Corsetti A, et.al, Food Research International, 40:539, 2007

[17]――――「伝統発酵食品中に築かれる細菌叢の変遷と多様性」小柳喬, 日本乳酸菌学会誌, 28: 84, 2017

[18]――――「生酛造りに関する一考察」溝口晴彦, 原昌道, 日本醸造協会誌 105:124, 2010

[19]――――「味噌醸造に存在するバクテリオシン産生乳酸球菌」恩田匠, 日本醸造協会誌 96:174, 2001

[20]――――「ウイスキー醸造における乳酸菌の役割」鰐川彰, 生物工学, 90:324, 2012

[21]————「芋焼酎醪に生息している乳酸菌の単離と酒質に与える影響」宮川博士ほか，J.Brew Soc.Japan. 111:405, 2016

[22]————「木曽地方の無塩漬物「すんき漬」の摂取とアレルギー疾患に関する疫学的検討」津田洋子ら，信州公衆衛生雑誌, 11:3, 2016

[23]————Molecular Monitoring of Bacterial Community Structure in Long-Aged Nukadoko: Pickling Bed of Fermented Rice Bran Dominated by Slow-Growing *Lactobacilli*, Nakayama J. , J Biosci Bioeng. 104:481. 2007

[24]————「発酵・醸造食品の最新技術と機能性」（監修：北本勝ひこ）シーエムシー出版,2006

[25]————「花ラッキョウと乳酸菌」小林恭一，日本乳酸菌学会誌13:53, 2002

[26]————「Metagenomic Analysis of Kimchi, a Traditional Korean Fermented Food」,Jung JY et.al, App Environ Microbiol, 77:2264, 2011

第2章

ヨーグルト発酵技術の進化
—脱酸素発酵が可能にしたテクスチャー(食感)—

株式会社明治 研究本部技術研究所

堀内啓史

1　はじめに

　ヨーグルトは発酵乳の1つで，ブルガリアやトルコを中心としたバルカン地方を起源とする。コーデックス食品規格委員会（コーデックス：CODEX）による国際規格における「発酵乳」は，"微生物の作用によりpHの低下する発酵により得られた乳製品"と定義され，「ヨーグルト」，「カルチャー代替ヨーグルト」，「アシドフィルスミルク」そして「ケフィア」が含まれる[図2-1]。

　「ヨーグルト」は，"*Lactobacillus delbrueckii* subsp. *bulgaricus*（ブルガリカス菌）と*Streptococcus thermophilus*（サーモフィルス菌）の2菌種を使用した発酵乳であり，最終製品中の乳酸菌は生きているもの"と定義されている[1]。日本には「ヨーグルト」という規格は存在しないが，「乳及び乳製品の成分規格等に関する省令（乳等省令）」における「発酵乳」規格に該当する商品（商品名：○○ヨーグルト，種類別：発酵乳）の大部分は国際規格における「ヨーグルト」に該当している[表2-1]。

2　発酵乳の歴史[1][2]

　発酵乳の歴史は古く，人間が草食動物（牛，羊，山羊，など）を飼育し，その乳を栄養源として飲み始めた紀元前8,000年頃にさかのぼるとされる。その誕生は偶発的で，家畜の乳を搾って容器に入れておいたところ，たまたま動物の乳首や容器などに付着していた乳酸菌が乳の中で増殖し，その乳酸菌が乳糖を分解して乳酸などの有機酸を作ることで，乳の発酵凝固物である「発酵乳」ができあがったと考えられている。

[**図2-1**] 発酵乳の種類と使用する乳酸菌の規格（コーデックス規格）[1] [2]

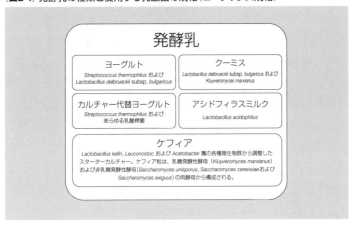

発酵乳

ヨーグルト
Streptococcus thermophilus および
Lactobacillus delbrueckii subsp. *bulgaricus*

クーミス
Lactobacillus delbrueckii subsp. *bulgaricus* および
Kluyveromyces marxianus

カルチャー代替ヨーグルト
Streptococcus thermophilus および
あらゆる乳酸桿菌

アシドフィラスミルク
Lactobacillus acidophilus

ケフィア
Lactobacillus kefiri, Leuconostoc および *Acetobacter* 属の各種微生物群から調整した
スターターカルチャー。ケフィア粒は、乳糖発酵性酵母 (*Kluyveromyces marxianus*)
および非乳糖発酵性酵母(*Saccharomyces unisporus, Saccharomyces cerevisiae* および
Saccharomyces exiguus)の両酵母から構成される。

[**表2-1**] 乳等省令（乳および乳製品の成分規格等に関する省令）による発酵乳の規格

		成分規格		
		無脂乳固形分 （SNF）	乳酸菌数 または酵母数	大腸菌群
発酵乳	生菌	8.0%以上	1000万/mL以上	陰性
	殺菌		0	
乳製品乳酸菌飲料	生菌	3.0%以上	1000万/mL以上	陰性
	殺菌		0	
乳酸菌飲料		3.0%未満	100万/mL以上	陰性

　発酵乳の発祥は，自然現象による偶然の産物なので，世界各地の
牧畜が行われていたところではどこでも同様の現象が起こっていたよ
うだ。搾乳文化のルーツとされるのはメソポタミア地方であるため，製
造技術はここから各地に伝播したと考えられる。記録に残っている最
古のものとしては，紀元前3000年頃にメソポタミア地方のシュメール
人が刻んだとされる石板に，搾乳から土器による集乳，牛乳の濾過と

バター製造など，さまざまな乳加工の様子が描かれている。また，紀元前800 〜 300年頃にはインドでバターミルクやダヒが，紀元前2000年頃にはロシアで馬乳を発酵させたクーミスという乳酒が飲まれ，800年頃にはトルコやブルガリアのヨーグルト，1300年頃にはトルコ，シリアのアイラン，1400年頃にはハンガリーのタルホなどがそれぞれの地で実在していたという記録がある。古代中国では「酪」という食品の製法が記録されており，この酪は発酵乳の原型と考えられている。

　一方，日本では，家畜の乳を搾って飲むという習慣自体が，他の国々と比べてかなり乏しかった。飛鳥時代や平安時代に宮中で牛乳が飲まれていたこと，「蘇」という発酵乳らしきものがあったことを示している記録があるが，これらはあくまで高貴な一部の人たちのものであった。一般庶民が乳を口にするようになったのは，肉食とほぼ同時期，明治も半ばになってからのことであり，乳製品が日本人の食生活に本格的に加わったのは，第二次世界大戦後である。牛乳，加糖練乳，バター，チーズの順で普及し，1970年代以降になってようやく発酵乳（基本的にヨーグルト）が食卓に定着したが，世界の発酵乳の歴史と比べると極めて最近のことになる。また，世界の発酵乳文化は，基本的に，自然発生，自家製（手作り），工業生産の流れをたどるが，日本においては，工業生産から発酵乳文化がスタートしたといえる。

●──── 1　ブルガリアにおけるヨーグルトの歴史 [2]

　ブルガリアにおいて発酵乳といえばヨーグルトであり，同国はヨーグルト発祥の地の 1 つとされ，前述したように800年頃にはヨーグルトが実在していたという記録がある。ブルガリアのヨーグルトは，乳酸菌が付着した植物の葉や，葉の上に溜まった露が乳を保存していた壺に

偶然入って発酵したものが起源だと言われている。

　ブルガリアにおけるヨーグルトはその食文化の代表的な存在であり，季節の節目を祝う様々な行事で重要な役割を果たしている。そして，現在のようにヨーグルトが工業生産される時代になっても，ブルガリアの田舎の村に行くと，羊乳を使った昔ながらのヨーグルト作りが行われているところがある。そこでは，ただ漫然とヨーグルトが作られているわけではなく，厳格な決まりともいうべきものが存在する。

　一年の中で最初にヨーグルトを作る日が決められている。それが「聖ゲオルギの日：5月6日」である。この日は，キリスト教の殉教者であり羊飼いと家畜の守護神とされた聖ゲオルギを称える祝日であり，ブルガリアではこの日から家畜の放牧を始めるため，家畜の健康と豊穣を願ってさまざまな儀礼が行われる。その一環としてヨーグルト作りがあり，この日の食卓には必ず新しいヨーグルトを載せなくてはいけないとされている。村人達は，秋から冬にかけては乳搾りをせず，初夏の到来を告げるこの日に初めて乳を搾り，新しい乳を新しい乳酸菌で発酵させてヨーグルトを作る。そして，できあがった新しいヨーグルトを家族全員，さらには村人全てを招いて一緒に食べながら，祝日を盛大に祝う。このとき使われる新しい乳酸菌の源として，ドリャン(和名：セイヨウサンシュユ)などの植物の葉にたまった朝露が使われることが多い。

　朝露に含まれる乳酸菌がスターター(種菌)として作用すると考えられるが，5月6日の朝露こそがもっともおいしいヨーグルトを作り出すと昔から言い伝えられてきた。なお，このドリャンからブルガリカス菌とサーモフィルス菌の2種類の乳酸菌が検出され，それら乳酸菌を使って良質なヨーグルトができあがったという研究報告[3] があり，これらの言い伝えは裏付けられる。こうして一度ヨーグルトができれば，あとは

その一部をスターターとして新しい乳に加えていく（植え継いでいく）ことで、その年の家庭のヨーグルトの味を守ることができる。

　ヨーグルト作りは、夏の終わりを告げる「聖ディミタルの日：10月26日」まで続く。この日は、放牧と乳搾りが終わる日でもある。村人たちはその間に多くのヨーグルトを作り置きをしておき（ヒマワリ油等の植物油をヨーグルト上層に敷いて酸化を防ぐ）、この日以降は翌年の「聖ゲオルギの日」まで作り置いたヨーグルトを食べる（ただし、ヨーグルト中の乳酸菌は作ってから1ヶ月程度で相当数死滅していると考えられる）。これが昔から続いてきた、ブルガリアにおけるヨーグルト作りの一年のサイクルとなる。このようにブルガリアにおいて、ヨーグルト作りは伝統的な宗教行事としての意味を持つ神聖なものである。

3　　　ヨーグルトの製造技術 [1][2]

　人類は、古代より家畜の乳を搾って飲むだけでなく、各種乳製品に加工して食用に利用してきた。バター、チーズ、粉乳などがそうだが、そのような乳製品の中で最も古い歴史をもつものがヨーグルトを含む発酵乳である。ただし、ヨーグルトは、搾った後の生乳を放置した結果、自然に乳酸発酵が進んでできてしまったものであり、バター、チーズ、粉乳などと違って意図的な加工の必要がなかったと考えられる。しかし、自然任せだけでは安定した品質のヨーグルトは得られないため、常食するようになると必然的に製造技術が磨かれていった。

[図2-2] 一般的なヨーグルトの製造工程

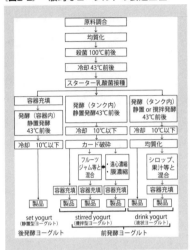

[図2-2]

●————1　工業的ヨーグルトの製造方法[1]

　現代の工業的ヨーグルトは，一般的に後発酵ヨーグルト（set yogurt：静置型ヨーグルト）と前発酵ヨーグルトに大別され，前発酵ヨーグルトは，さらに撹拌型ヨーグルト（stirred yogurt）と液状ヨーグルト（drink yogurt）に分けられる。これらヨーグルトの一般的な製造工程は[図2-2]に示す通りである。

　乳，乳製品，砂糖等の原料を調合後，均質化工程，殺菌工程を経て，乳酸菌スターターを添加することで発酵が開始される。この発酵を容器内で行い発酵完了後に冷却して完成するのが後発酵ヨーグルトである。撹拌型ヨーグルトは発酵をタンク内で行い，発酵完了後にカード破砕（さらに膜処理や遠心分離処理によって濃縮する場合もある），冷却工程を経てそのまま，またはフルーツソースと混合して容器に充填し

て製品とする（前者をソフトヨーグルト，後者をフルーツヨーグルトとも呼称する）。液状ヨーグルト（ドリンクヨーグルトとも呼称する）は，タンク内で発酵を行い発酵終了後は，均質化工程を経て，そのまま，またはシロップ原料（果汁を含む場合もある）と混合し，容器充填する。世界のヨーグルト市場は前発酵ヨーグルトが主流の状況となっているが，日本では後発酵ヨーグルトの市場規模も非常に大きい[1]。

　なお，近年大きなカテゴリーとなっている「プロバイオティクスヨーグルト」は，機能面での分類のため，形態としては後発酵ヨーグルトおよび前発酵ヨーグルトの両方が存在する。

2　前発酵ヨーグルトと後発酵ヨーグルトの製造技術

　前発酵ヨーグルトは，"乳タンパクを乳酸菌の発酵で凝固させたゲル（カード）を破壊して再凝固させたり，一定の粘度を与えたり，安定的に液性を保たせる必要があるため，レシピや製造工程が複雑で，また製造設備（発酵タンク，エージングタンク，送液ポンプ，冷却装置，遠心濃縮装置，膜濃縮装置など）に依存するところが大きく，高い技術が必要とされる[1]。すなわち，誕生そのものが製造技術とセットだったと言える。

　一方，後発酵ヨーグルトは，"乳タンパクを乳酸菌による発酵で凝固させたゲル（カード）そのもの"であり，太古の昔に自然発生的に出来上がったヨーグルトの原型と同じである。そのため，前発酵ヨーグルトに比べると，工業生産設備が非常にシンプルであり，少ない機械装置で製造が可能である[**図2-2**]。

3　後発酵ヨーグルトにおける製造技術の進化

　製造工程が複雑ゆえに加工自由度が高い前発酵ヨーグルトの製造

技術は，必然的に進化してきた（スターター乳酸菌の進化と共に）。一方，後発酵ヨーグルトに関しては，スターター乳酸菌は改良されてきたが，その製造技術進化は乏しかったと言える。これは，後発酵ヨーグルトの製造工程があまりにもシンプルなために工夫の余地がないと考えらえてきたためかもしれない。事実，弊社（株式会社明治；旧 明治乳業株式会社）では，1950年から加糖タイプの後発酵ヨーグルト，1971年から無糖タイプの後発酵ヨーグルト（プレーンヨーグルト）を製造・販売してきたが，2002年頃までの約半世紀，スターター乳酸菌は改良されてきた一方で，独自の製造技術（特許となるような製法）というものは存在しなかった。

　しかし，我々は，2003年に独自の発酵技術である「脱酸素低温発酵法」の開発に成功した（2005年特許登録）。本発酵技術を用いると，同じ乳酸菌スターター（同一菌株），同じヨーグルトベース（同一組成，同一原材料）を用いた場合においても風味・物性の異なるヨーグルトを作ることが可能である。長年，そのシンプル過ぎる工程故に工夫の余地が無いと考えられてきた後発酵ヨーグルトの製造において，我々は発酵という切り口で技術進化を達成した。

4　　　　「脱酸素低温発酵法」の開発と商品への応用

　「脱酸素低温発酵法」とは，あらかじめ乳（ヨーグルトベース）中の溶存酸素を窒素曝気[1]によって減じてから低温発酵[2]することで，短時間の発酵（効率的な生産性）[3]でまろやかでコク（濃厚感）のある後発酵ヨーグルトの製造を可能としたものである。

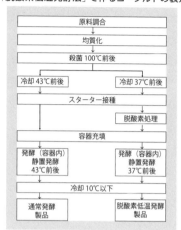

[**図2-3**]「脱酸素低温発酵法」で作るヨーグルトの製造工程[10]

その製造工程は［**図2-3**］に示す通りで，通常の工程との違いは，脱酸素処理工程が加わること，発酵温度をやや下げることのみの単純なものである。しかし，その適用効果は大きく，弊社では同発酵技術導入により，特に無糖タイプの後発酵ヨーグルト商品（プレーンヨーグルト：砂糖，香料，安定剤不使用）のバリエーションを大きく拡大できた。2020年10月現在，弊社のプレーンヨーグルト商品全て（6品）と加糖タイプ

脚注
(1)——— 窒素曝気：窒素ガスを吹き込むことでヨーグルトベースの溶存酸素濃度を低減させる工程。
(2)——— 低温発酵：本稿では37℃前後の発酵を「低温発酵」，43℃前後の発酵温度を「通常発酵」としている。
(3)——— 短時間の発酵：本稿では3時間程度で完了する発酵を指す。

[写真2-1][7]

の後発酵ヨーグルト商品の一部（3品）に本発酵技術を適用している。

　「脱酸素低温発酵法」の開発は，ブルガリアの伝統的なヨーグルトを工業的に再現しようとしたことがきっかけであった。

◉─────1　ブルガリア伝統の素焼きの壺で作るヨーグルト

　ヨーグルトの本場ブルガリアには，素焼きの壺[(4)]で作る昔ながらの伝統的なヨーグルトがある[**写真2-1**]。

　絞りたての生乳を煮立てて人肌くらいに冷ましてから，素焼きの壺に入れ，前日作っておいたヨーグルトを種菌（スターター乳酸菌）として加える。その壺を布で包んで保温して放置すると，発酵してヨーグルトに

脚注
(4)─────素焼きの壺：粘土を，釉薬をかけないまま焼き固めて作った。

なっていく。発酵中に素焼きの壺が生乳から水分を吸収し、生乳が濃縮され、さらに、壺の表面からその水分が蒸発する際に気化熱を奪うため「低温発酵」となる。このようにして作られたヨーグルトは、なめらかでコクがあり、おいしい。そこで、我々はこの伝統的なヨーグルトを工業的に再現しようと試みた。

●————1-1　伝統的ヨーグルトの工業的再現

実験室にて伝統的なヨーグルトを再現するところから検討を開始した。43℃に加温した生乳を素焼きの壺に注ぎ、スターター乳酸菌（LB81乳酸菌：ブルガリカス菌2038株, サーモフィルス菌1131株）を加え、43℃の培養庫にて発酵させた。結果、時間とともに生乳の温度は低下し、発酵終了時には37℃程度の低温になっていた［**図2-4**］。

また、発酵終了後、生乳は約1.2倍に濃縮されていた。従って、この伝統的なヨーグルトは、"濃縮した生乳"を「低温発酵」させることで工業的に再現出来ると考えた。検討の結果、「濃縮した生乳は、RO膜[(5)]による生乳の濃縮」、「生乳, 脱脂粉乳, バター等を原料として濃縮した生乳に相当する組成の組み立て」のいずれにおいても再現できたが、低温発酵の工業化においては課題があった。

●————1-2　「低温発酵」の工業化における課題

「低温発酵」は、非常になめらかな組織のヨーグルトを作り出すこと

脚注

(5)————RO膜：逆浸透膜（ Reverse Osmosis membrane）。ろ過膜の一種であり、水を通しイオンや塩類など水以外の不純物は透過しない性質を持つ膜である。

[**図2-4**] 素焼き壺で発酵させた生乳の発酵中の温度変化[7]

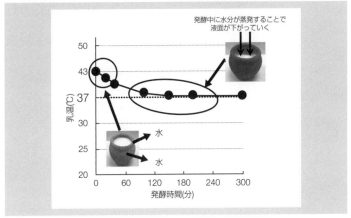

ができるメリットがある反面，発酵に長時間を要するデメリットがある。
通常，ヨーグルトの発酵は，乳酸菌の乳酸生成が最も活発な43℃前
後で行う（通常発酵）が，37℃程度で「低温発酵」を行うと，発酵の進行
は著しく遅延する。LB81スターター（ブルガリカス菌2038株，サーモフィルス
菌1131株）を用いた「低温発酵」では，「通常発酵」に比べて発酵時間[6]
が約40分間遅延した [**図2-5**]。これは，工業的大量生産を行う場合の
生産性を大きく低下させる。よって，「低温発酵」を工業化するためには，

脚注

(6)――――― 発酵時間：等電点（pH＝4.6）に到達する時間。等電点に相当する酸度は乳ベー
スの無脂乳固形分（Solid Not Fat：SNF）によって変化するが，SNF＝10％前
後のヨーグルトの場合，0.7％程度である。

[**図2-5**] 低温発酵による発酵時間の遅延[8]

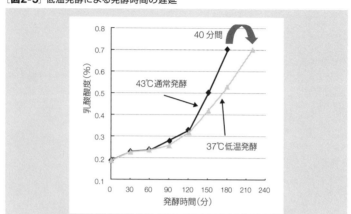

発酵時間を短縮させる新たな製造技術の開発が必要であった。

◉────1-3 「脱酸素発酵法」の発明と発酵時間短縮

　「低温発酵」の発酵遅延課題を解決すべく検討した結果，ヨーグルトの発酵過程における乳中の溶存酸素（Dissolved Oxygen：DO）と乳酸菌の挙動に着目することで，その糸口をつかむことができた。

　乳酸菌を添加する前の乳中（SNF＝9.5％）のDOは43℃で6～7 ppm程度であったが，乳酸菌を添加後，まず乳中のDO低下が認められ，0 ppm程度に下がった後に乳酸の生成が活発になることが分かった［**図2-6**］。なお，培養（発酵）中にDO濃度が0 ppmまで低下する現象は，ブルガリカス菌，サーモフィルス菌の単独培養時，混合培養時ともに認められたが，乳酸菌を加熱して死滅させると認められ

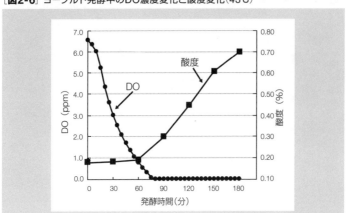

[図2-6] ヨーグルト発酵中のDO濃度変化と酸度変化（43℃）[8]

なかった。この結果から，DOがヨーグルトの発酵を阻害すると推察した。そこで，あらかじめ乳中のDO濃度を減らし，嫌気状態としてから発酵することで，発酵時間を短縮できると予測し，検討を行った。

　結果，通常，6 〜 7 ppm程度あるDO濃度を 4 ppm以下に減らすことで発酵時間を短縮できることが分かった。LB81乳酸菌を用いたヨーグルトの発酵時間は，DO濃度を低下させない通常の発酵と比べて，43℃で約30分間短縮された［図2-7］。乳中のDO濃度を減してから発酵するこの製造技術を「脱酸素発酵法」と命名した。

◉─────1-4　「脱酸素低温発酵法」

　「脱酸素発酵法」と「低温発酵（37℃）」を組み合わせたところ，その発酵時間が短縮された［図2-8］。すなわち，「低温発酵」の工業化課題

[**図2-7**]「脱酸素発酵法」による発酵時間短縮効果（43℃）[8]

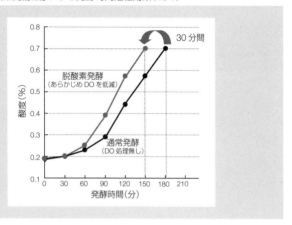

[**図2-8**]「脱酸素低温発酵法」による発酵時間短縮効果（37℃）

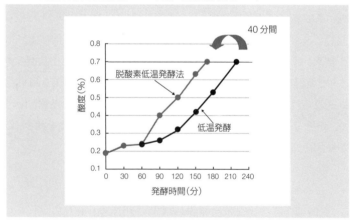

であった発酵遅延を解決できた。「低温発酵」と「脱酸素発酵法」を組み合わせた製法を「脱酸素低温発酵法」と命名した(2005年特許取得)。

◉———— 1-5　伝統的なヨーグルトの工業的再現と商品化

「脱酸素低温発酵法」を用いて、"濃縮した生乳"に相当する組成に調整したヨーグルトミックス（無脂乳固形分10.0％，乳脂肪分4.5％）を発酵させたところ，素焼きの壺で作ったような，なめらかでコクのあるヨーグルトとなった。

2004年，我々は，「脱酸素低温発酵法」により，ブルガリア伝統の素焼きの壺で作るヨーグルトの風味・物性を工業的に再現することに成功した商品「明治ブルガリアヨーグルトLB81ドマッシュノプレーン[7]」を発売した(2004 ～ 2008年)。

◉———— 1-6　「脱酸素低温発酵法」を適用した商品の拡大

「脱酸素低温発酵法」適用第一弾商品である「明治ブルガリアヨーグルトLB81ドマッシュノプレーン」は，販売不振により2008年に終売した。新しく開発した技術がその適用商品の終売と共に消えてしまうことはままある。しかし，「脱酸素低温発酵法」は，現在（2020年）に至るまで生き残ることが出来ている。これは，同製法を低脂肪・無脂肪ヨーグルトに振り向けたことが大きかった。

低脂肪（脂肪分1.5％未満）ヨーグルトや無脂肪（脂肪分０％）ヨーグルトは，通常の脂肪分３％程度のヨーグルトに比べると，コクがない，

脚注

(7)———— ドマッシュノ：ブルガリア語で「手作り」の意。

水っぽい，といった風味課題があるが，我々はこの課題を「脱酸素低温発酵法」の適用で解決することができた。同製法の特徴である"まろやかさとコクを付与する効果"が，低脂肪化・無脂肪化で失われるコク(濃厚感，脂肪感)を補完した。

　「脱酸素低温発酵法」を適用した弊社の低脂肪(脂肪分1.4%)ヨーグルト第一弾商品「明治プロビオヨーグルトLG21低脂肪(2006年〜)」，無脂肪 (脂肪分 0 %) ヨーグルト第一弾商品 「明治ブルガリアヨーグルトLB81脂肪 0 プレーン(2009年〜)」である。

5　　　　「脱酸素低温発酵法」のメカニズム研究

　「脱酸素低温発酵法」の特徴は"短時間の発酵でまろやかでコクのある後発酵ヨーグルトの製造を可能とする"ことである。同製法は"なめらかな物性(まろやかさとコクに繋がる)を作る"，"発酵時間を短縮する"という 2 つの要素に分けることができる。我々は，それぞれの要素についてメカニズム研究を行った。

◉————1　なめらかな物性をつくるメカニズムの推察
　我々は，「低温発酵」がなめらかな組織のヨーグルトを作り出せる理由として，"菌体外多糖(exopolysaccharide : EPS)の生成量が増えるため"，"ヨーグルトの組織が時間をかけてじっくり形成されるため"という 2 つの要素に起因すると考えた。

[**図2-9**] 発酵条件とEPS量

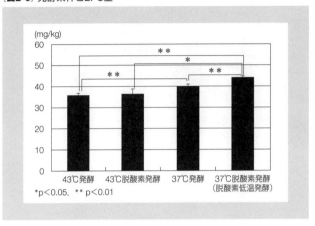

*p<0.05, ** p<0.01

●————1-1　低温発酵と EPS

　一般的に"低温発酵では乳酸菌が生成するEPS量が増え，結果ヨーグルトの組織がなめらかになる"と言われている[7]。[**図2-9**] は，LB81乳酸菌を用いて，通常発酵（43℃），脱酸素発酵法（43℃），低温発酵（37℃），脱酸素低温発酵法（37℃）で作成したヨーグルトのEPS量を比較したものである。「低温発酵」によってEPS量が増えることを確認した。

●————1-2　「脱酸素低温発酵法」とカード形成時間

　「低温発酵＝長時間発酵」であるため，ゆっくりとpHが下がる（酸度が上がる）ことで，ヨーグルトの組織（カード）が時間をかけて形成され，なめらかな組織ができあがると考えた。これは，例えば，牛乳に酸（乳酸）を添加する実験で，一気に添加する（一気にpHが下がる）とザラザラ

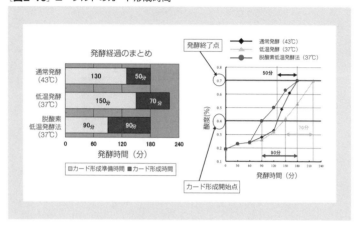

とした組織となるが，一滴一滴時間をかけて酸を添加するとなめらか
な組織が得られることから推察したものである。

　一方，「脱酸素低温発酵法」は，短時間の発酵にも拘わらず，「低
温発酵」と同等以上のなめらかさをもったヨーグルトを作り出せるため，
この現象について考察を加えた。［**図2-10**］右は，「通常発酵」（43℃），
「低温発酵」（37℃），「脱酸素低温発酵法」（37℃）で発酵させた時の
発酵中の乳酸酸度変化を示したものである。一般的に無脂乳固形分
10.0％程度の発酵乳では，カードと呼ばれるヨーグルトの組織形成が
乳酸酸度0.4％付近から始まる（ヨーグルトが固まり始める）。我々は，発
酵終了の乳酸酸度を0.7％としているので，乳酸酸度0.4％から0.7％
に到達するのに要する時間が，ヨーグルトの組織を作る時間（カード形
成時間）といえる。このカード形成時間が長い程，ヨーグルトの組織は

緻密でなめらかになると推定された。カード形成時間は，「脱酸素低温発酵法」で90分間，「通常発酵」，で50分間，低温発酵で70分間となっており，「脱酸素低温発酵法」のカード形成時間が最長であることが認められた。[図2-10]左は，発酵時間を乳酸酸度0.4％未満のカード形成前時間（ヨーグルトが液状の状態）とカード形成時間に分けて示すものである。「脱酸素低温発酵法」のカード形成時間は，発酵時間180分間中90分間，「通常発酵」は180分間中50分間，「低温発酵」では，220分間中70分間である。「脱酸素低温発酵法」は，全体の発酵時間に占めるカード形成時間の割合が高く，これが，短時間の発酵でありながら，緻密さとなめらかさをもったヨーグルトの組織を作り出せる要因であると考えた。

●────2　発酵時間が短縮されるメカニズムの推察

　「脱酸素発酵法」および「脱酸素低温発酵法」における発酵時間短縮メカニズムについて検討した結果，あらかじめ乳の溶存酸素濃度を低減してから発酵した場合，ブルガリカス菌とサーモフィルス菌の共生作用の発現が早まることがその要因であることを突き止めた。

●────2-1　乳酸菌の共生作用

　[図2-11]は，乳をブルガリカス菌とサーモフィルス菌で培養した時の発酵時間と酸度変化を示している。単菌培養の場合に比べて混合培養した場合，乳酸の生成が活発になる。ブルガリカス菌とサーモフィルス菌の混合培養時，ブルガリカス菌は乳中のカゼインを分解してペプチド等を生成し，サーモフィルス菌は蟻酸を生成する。蟻酸生成に関わる酵素PFL（Pyruvate formate lyase）は，嫌気条件で活性化されること

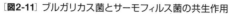

[図2-11] ブルガリカス菌とサーモフィルス菌の共生作用

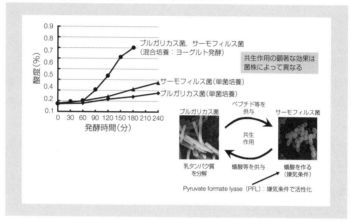

が分かっている。これらペプチドと蟻酸は，サーモフィルス菌とブルガリカス菌のお互いの生育を促進する[4]。このような物質のやり取りを共生作用という。ヨーグルトはこの乳酸菌の共生作用を利用して製造されている（ただし，共生によって顕著な発酵促進効果が認められるかは菌株の組み合わせによって異なる）。

2-2 ヨーグルト発酵に対する溶存酸素の影響

我々は，乳中の溶存酸素（DO）濃度を変えることにより，ヨーグルト発酵に及ぼす酸素の影響について検討した。

実験にはLB81乳酸菌（ブルガリカス菌2038株とサーモフィラルス菌1131株）を用い，発酵法を培地の溶存酸素設定条件によって3つに分けた。なお，培地(10%脱脂粉乳培地)と発酵温度(43℃)は3条件で共通である。

①通常発酵法：培地の溶存酸素濃度を調製せず発酵を行った。発酵中に溶存酸素は，初発の 6 ppmからほぼ 0 ppmまで低減した。

②脱酸素発酵法：あらかじめ培地に窒素を通気し溶存酸素濃度を 0 ppmにしてから発酵を行った。

③DO固定発酵法：乳酸菌が行う酸素除去活動を阻害し，溶存酸素濃度が減らないように調整した。具体的にはジャーを用い，培地中にエアと窒素を交互に通気して溶存酸素を 0 〜 6 ppmに固定しながら発酵を行った。

●————2-2-1　溶存酸素濃度を固定した発酵

ジャーファーメンターを用いてDO固定発酵法の検討を行った。培地の溶存酸素濃度を 4 ppm，2 ppm，1 ppm，0 ppmに固定した条件で発酵した。[**図2-12**]は，その時の酸度変化を示している。

溶存酸素を 0 ppmに固定した発酵の場合は，溶存酸素を処理しない場合に比べて，酸度の上昇速度が速まった。つまり，発酵速度が速まったが，1 ppmでは，発酵速度が著しく低下し，2 ppm,4ppmに固定した場合，発酵がほとんど進まなかった。このことから，乳中の溶存酸素がヨーグルト発酵を顕著に阻害していると考えられた[5][6]。

●————2-3　単菌の生育に対する「脱酸素発酵法」の効果

次に，ブルガリカス菌2038株，サーモフィルス菌1131株単菌に対する「脱酸素発酵法」の効果について検討した。ヨーグルト発酵では，あらかじめ溶存酸素を 0 ppmに低減してから発酵する「脱酸素発酵」によって発酵は促進されたが，2038株，1131株ともに単菌培養時には，脱酸素発酵による発酵時間短縮効果は，ほとんど認められなかった

[図2-12] 溶存酸素濃度を固定した発酵（43℃発酵）

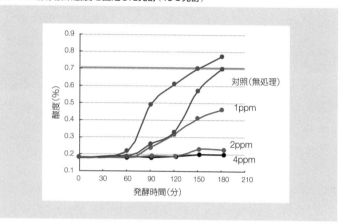

[図2-13] 溶存酸素濃度を固定した発酵（43℃発酵）[1] [9]

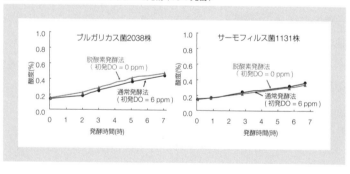

[**図2-13**]。また，単菌の生育には溶存酸素がほとんど影響しなかった
ことから，溶存酸素は，乳酸菌の生育そのものを阻害するのではなく，
共生作用を阻害すると考えられた[5][6]。

2-4　蟻酸がヨーグルト発酵に及ぼす影響

　そこで我々は，共生作用におけるブルガリカス菌の生育促進物質の
1つである蟻酸に着目した。まず，ヨーグルト発酵に及ぼす蟻酸添加
の影響について調べた。結果，蟻酸Naを0.01mM以上添加すると発
酵が促進された。これは，「脱酸素発酵」による発酵時間短縮効果と
同等であった[**図2-14**][5][6]。

2-5　ヨーグルト発酵中に検出される蟻酸

　次に，ヨーグルト発酵中に培地に蓄積される蟻酸量を測定した
[**図2-15**]。発酵中，ブルガリカス菌は蟻酸を消費すると考えられるので，
[**図2-15**] に示した蟻酸濃度はサーモフィルス菌が生成した蟻酸とブル
ガリカス菌が消費した蟻酸の差であると考えられる。「脱酸素発酵法」
と通常発酵で比較した結果，培地中に蟻酸が検出され始める時間が
脱酸素発酵法では，約30分早まった[5][6]。

2-6　脱酸素による発酵時間短縮メカニズム

　以上から，「脱酸素発酵法」では，あらかじめ培地（乳）の溶存酸素
濃度を 0 ppmとすることで，サーモフィルス菌1131による蟻酸生成が
早まり，結果としてサーモフィルス菌1131とブルガリカス菌2038の共生
作用（サーモフィルス菌1131がブルガリカス菌2038にギ酸を与え，ギ酸によって
生育を促進されたブルガリカス菌2038により分解されたタンパクをサーモフィルス

［図2-14］蟻酸がヨーグルト発酵に及ぼす影響（43℃発酵）[8]

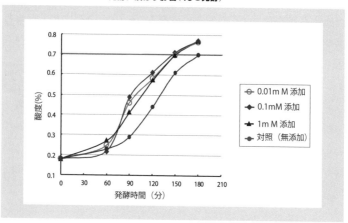

［図2-15］ヨーグルト発酵中に検出される蟻酸（43℃発酵）[8]

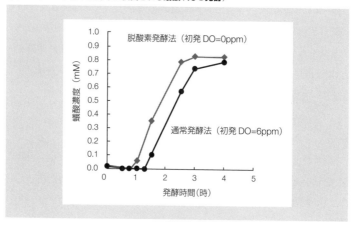

菌1131に与える現象）の発現が早まり，発酵時間が短縮される（発酵誘導期の短縮）と推察した[6]。

6　おわりに

　太古の昔に自然発生的にできあがったと考えられるヨーグルトは，その後世界中で工業化され，現在，世界の様々な発酵乳の中で最も親しまれているといっても過言ではない。

　本章では，ヨーグルトを中心とした発酵乳の歴史に触れるとともに，ヨーグルトの製造技術について紹介した。製造技術の進化によって誕生した前発酵ヨーグルト（ソフト，フルーツ，ドリンクヨーグルト）に比べて，自然発生の原型を踏襲している後発酵ヨーグルトにおいては，乳酸菌スターターの改良は著しいが，ヨーグルトそのものの製造技術の進化は少なかったように思う。

　しかし，我々は，ほとんど注目されてこなかった"ヨーグルトの発酵に対する酸素の影響"に着目したことで，ブルガリカス菌とサーモフィルス菌（LB81乳酸菌等）の混合発酵の発酵時間を短縮できる新しい技術「脱酸素発酵法」及び「脱酸素発酵法」と「低温発酵」を組み合わせた「脱酸素低温発酵法」を開発でき，後発酵ヨーグルトの製法を進化させることができた。さらに「脱酸素発酵法」の発酵時間短縮メカニズムを研究した結果，あらかじめ乳の溶存酸素濃度を低減してから発酵した場合，ブルガリカス菌とサーモフィルス菌の共生作用の発現が早まることがその要因であることを突き止めた。これは，同時にブルガリカス菌とサーモフィルス菌の共生作用というヨーグルト発酵の根幹に，酸素が

大きく関わっていることを示す結果でもあった。

引用文献

[1]───齋藤忠夫他編：ヨーグルトの事典, pp.126, 96-121, 朝倉書店(2016)

[2]───堀内啓史：発酵と醸造のいろは.P299, 株式会社エヌ・ティー・エス (2017)

[3]───Michaylova, M., M. Svetlana, K. Kimura, T. Sasaki, & K. Isawa. FEMS Microbiol Lett ., 269,160(2007).

[4]───Galesloot, TH. E., Hasing, F. and H. A. Veringa：Symbiosis in yoghurt (1) . Stimulation of *Lactobacillus bulgaricus* by a facter produced by *Streptococcus thermophilus*. Neth. Milk Dairy J. 22：50(1968)

[5]───Horiuchi, H., N. Inoue, E. Liu, M. Fukui, Y. Sasaki, and T. Sasaki：A method for manufacturing superior set yogurt under reduced oxygen conditions, J. Dairy Sci. 92：4112(2009)

[6]───H. Horiuchi and Y. Sasaki：Effect of oxygen on symbiosis between *Lactobacillus bulgaricus* and *Streptococcus thermophiles*. J. Dairy Sci. 95：2904(2012)

[7]───Cho-Ah-Ying, F., C. L. Duitschaever and C. Buteau.：Influence of temperature of incubation on the physico-chemical and sensory quality of yogurt. Cult. Dairy Prod. J. 25：11(1990)

[7]───堀内啓史：脱酸素低温発酵法によるブルガリア国伝統ヨーグルトの工業的再現.P57, 食品工業, 48(2005)

[8]───堀内啓史：ヨーグルト脱酸素発酵技術の開発.P594, 生物工学会誌, 88(2010)

[9]───堀内啓史：ヨーグルト脱酸素発酵技術の開発とその後の展開.P335,生物工学会誌, 90(2012)

[10]───堀内啓史 他：神話時代から続く発酵食品ヨーグルトを科学する.P1, 生物工学会誌, 99(2021)

第3章

ヨーグルト発酵を担う
2種の乳酸菌の共生とその生存戦略

明治大学農学部 発酵食品学研究室

佐々木泰子

はじめに

　第3章ではヨーグルト製造に関わる2種の乳酸菌*Lactobacillus delbrueckii* subsp. *bulgaricus*（ブルガリカス菌）と*Streptococcus thermophilus*（サーモフィルス菌）に焦点を当てる。

　ヨーグルト消費量は2021年現在も増加し続けており，少し古いデータではあるが2013年のDanoneの調査では日本はアジアで最大の消費国であり，1人当たり平均125gのカップを106個（約13Kg），1年間に消費している。これを乳酸菌の菌数に換算すると，1グラムあたりに10^7匹（あえて匹と数える）いるので，13kgを掛けると年間$10^7 \times 13 \times 10^3$＝$1.3 \times 10^{11}$の乳酸菌が日本国民のお腹に到達していることになる。平均であるから，もちろん全く食べない人やもっと多く食する人もいる。さらに世界を見ると消費量の多いヨーロッパでは，微増ではあるが消費量は年々増えており，2020年のヨーグルトを生産量で見ると8.2 million tons（Statista 2021[1]），その中に含まれる乳酸菌の数を見積もると8.2×10^{19}と天文学的数字となる。

　この数字から思いを馳せるに，"生物"の使命は「自己のDNAの拡散・増殖」とすれば，上記2種の乳酸菌は生物として最大級の成功者であると考えられる。生物としてこの様に繁殖できている成功の鍵は何なのか？　この2種の乳酸菌の生き残り戦略とは何なのか？

　その秘密が近年のゲノム遺伝子解析から明らかになってきた。人類

脚注

(1)——— Statista2021

90

の長い歴史のなかで，ヨーグルトとして植え継がれてきた両菌は「人類との共生」に成功したわけだが，そのためには周囲の雑菌（腐敗を起こす菌や食中毒菌）に打ち勝つことが必要であり，その戦略として「2種の乳酸菌が共生する」という道を選択したと推定される。ゲノム解析から彼らは共生に適合するようにゲノムサイズを縮小させて，家畜のように"進化"してきていることが判明した。どのようにして2種の乳酸菌の生存戦略は成功し，世界中の人々に培養され，繁栄を誇っているのか，実は＜その鍵は"共生"にあり＞についてこの章で詳しく紹介する。

1　　　　ヨーグルトとは「生きている乳酸菌を大量に食べる」特殊な食品

　中東や東アジアにおいて伝統的な発酵乳の多くは家庭内で生産され，乳酸菌だけでなく環境中の菌を巻き込みながら複数の微生物から構成されていると推定される。これに対してヨーロッパの伝統的な「ヨーグルト」の定義は［**写真3-1**］に示される*Lactobacillus delbrueckii* subsp. *bulgaricus*（ブルガリカス菌，以降LB菌）と，*Streptococcus thermophilus*（サーモフィルス菌，以降ST菌）の2種の乳酸菌の"共生"によってのみ生産されることがコーデックス（CODEX）[(2)]によって定義されている。長い桿菌がLB菌，球菌がST菌である。販売されている機能性ヨーグルト

脚注

(2)――――CODEX：食品の国際規格を作成するために国連食糧農業機関（FAO）と世界保健機関（WHO）が合同で設立した機関。

[写真3-1]

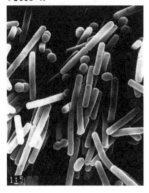

長桿菌：*Lactobacillus delbrueckii* subsp. *bulgaricus*
0.5~0.8 × 2–9 μm

球菌：*Streptococcus thermophilus*
0.7~1.0 μm

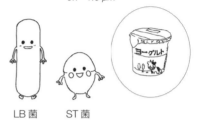

LB菌　　ST菌

イラスト：佐々木久美子氏

を含む様々なヨーグルトは序章で紹介したように「LB菌とST菌で発酵させたヨーグルトに機能性のある菌を添加」を基本としており，ビフィズス菌や腸管由来のプロバイティクス菌にはヨーグルトの発酵能力はほとんど無い。

　前述したように，工場で生産されるヨーグルトの日本における消費量はアジアでは最も高く，オランダやフランスには敵わないがイギリスには肩を並べる消費量を誇る。日本のヨーグルトは朝食やデザートとして親しまれ，スーパマーケットやコンビニではゼリーやプリンの隣に並

脚注

(3)――――厚生省から1951年に発令された「乳および乳製品の成分規格等に関する省令」

[図3-1] 共培養/単菌培養の乳酸発酵速度

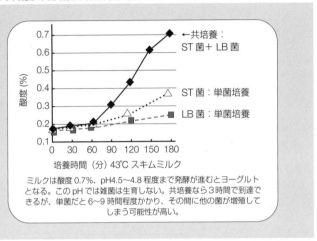

ミルクは酸度 0.7％、pH4.5〜4.8 程度まで発酵が進むとヨーグルトとなる。この pH では雑菌は生育しない。共培養なら 3 時間で到達できるが、単菌だと 6〜9 時間程度かかり、その間に他の菌が増殖してしまう可能性が高い。

ぶことも多いが，実は乳等省令[3]［**表2-1**］によって出荷時の生菌数が 10^7/mL以上と規定されており，「生きている乳酸菌を大量に食べる」という特殊な食品でもある。このヨーグルト発酵を担っている 2 種の乳酸菌は単菌でもミルク中で生育できるが，共生すると著しく増殖が早まり，酸度[4] 0.4％くらいでトロッとし始め，酸度0.7％ではミルクが固まってヨーグルトとなり，これを発酵の終了点とする［**図3-1**］。

　乳酸菌は同じ種でも"株"（個人のようなもの）によってその形質は極めて多様であり，この「共生による発酵促進」も両菌の株の組み合わせに

脚注

(4)———— 酸度：中和滴定法で測定される滴定酸度によって決定される(乳)酸の濃度

よって変化する。我々の研究室では両菌の間の共生因子をいろいろ探っているが、そこには彼らの巧みな生き残り戦略があるので紹介していきたい。

2　2種類の乳酸菌の「共生」は"生き残り戦略"であった

　生物学的には「共生」と言ってもさまざまな種類があり、片利共生のように片方だけが利益を得る形もあるが、ヨーグルトの2種の乳酸菌間ではお互いがそれぞれ利益を得ている。彼らは単菌でも生育できるため、生存に両者が必須な共生の「symbiosis」とは区別され、「protocooperation」と呼ばれている。

　[図3-1]で明らかなようにヨーグルトの2種の乳酸菌は共生することで格段に乳酸生成速度が速くなる。現在のような無菌の条件下での工業的なヨーグルト製造は近年のことであり、紀元前から作られてきたヨーグルトの乳酸菌にとっては環境中の他の微生物達との生存競争にいかに勝って生き残るかが重要であった。細菌によってdoubling time、つまり1回の分裂に要する時間は多様であり、例えば大腸菌や納豆菌（枯草菌）は20分と速い。乳酸菌は速いものでも40分以上はかかる。どうやって分裂が速い周囲の菌に勝ち抜き、自分達のニッチ[5]を確保するのか？　それには速くに乳酸を出してpHを下げ、他の菌にダメージを与えることが最強の方法であった[図3-2]。

脚注

(5)――― ニッチ：1つの種が利用する、あるまとまった範囲の環境要因で、生存競争によって適応する特有の生息場所のことであり、狭いが競争者のいない領域である。

94

[図3-2] 2種の乳酸菌の"共生"の目的

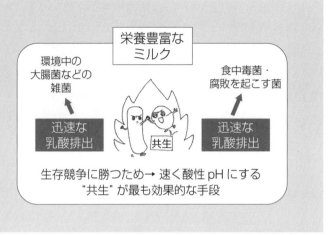

イラスト：佐々木久美子氏

● ――― 1 "共生"：大きい単菌よりも小さい2つの菌の方がなぜ有利？

　乳酸菌は「栄養要求性が高い」ことが特徴の1つであり，これは栄養が豊富なところでないと生きていけないということで，生息する場所はミルクや動物の腸管，花の蜜など栄養がリッチな環境である。

　そのような栄養豊富な環境下（当然ライバルは多い）で，なるべく速く乳酸を排出して周囲の腐敗を起こす菌や雑菌の生育を抑制・阻害するための生存戦略に，「なぜ共生が有利か」を説明したい。上記2種の乳酸菌が乳酸を排出するのは，彼らの食料であるミルク中の乳糖を乳酸に分解することによって"エネルギー（ATP）を得る"ことができるからである。そのエネルギーを使用し"ミルク中のカゼインタンパクなどの栄養"を分解・吸収して菌体を作り，分裂・増殖することで，ますます"乳酸

[図3-3] 細菌の細胞が小さいことの重要性

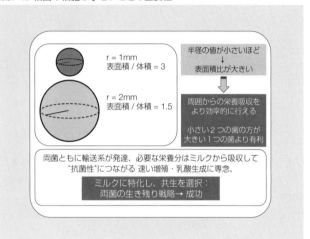

を排出する"ことができるようになる。つまり乳酸を速く排出するためには速くエネルギーを得ることが必要であり，そのためには乳糖や乳タンパクを速く大量に取り込めることが重要となる。そのためには菌体が小さい方が有利なのである。

　[図3-3] に細菌の菌体の大きさ（半径）が小さいほど，体積に対する表面積の比率は大きくなることを示した。表面積が大きいほど外部からの栄養の取り込みは有利となるため，栄養分がある環境ならば菌体が小さいほど代謝活性は高くなることができる。ミルクのような栄養豊富な環境では，自分で合成するよりもミルクから窒素源や炭素源その

[図3-4] ミルク培地からのペプチド・アミノ酸など様々な物質の輸送系

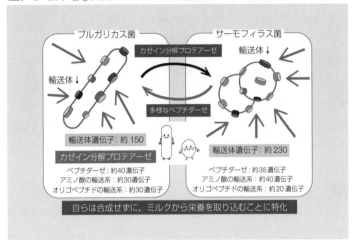

他の栄養素を吸収する方がエネルギー的にもはるかに有利である。また小さい体の方が、分裂・増殖に要するエネルギーは少なくて済む。

　このように小さな菌体が協力して機能を補い合う"共生"が有利なのは、一つにはミルクが赤ちゃんを育てるために栄養を凝縮した「著しく栄養豊富な特殊な食品」であることに起因する。

●———— 2　菌体表面に大腸菌の2倍比の輸送体が働く乳酸菌

　乳酸菌のゲノムの情報から、乳酸菌の特徴として菌体表面に輸送体が多く存在していることが示されている。イメージとしては [図3-4] のようになる。大腸菌K12株のゲノムは全長4.6Mb、遺伝子数約4,400個で輸送体（transporter）の数は約290個であるのに対し、乳酸菌のST

菌ではゲノム全長1.8Mb, 遺伝子数約1,800個で輸送体は約230個であり, 輸送体の占める割合は大腸菌6.6％に対し12.8％と2倍近い。すなわち, ミルクや動物腸管など周囲からの豊富な栄養を吸収して生育するのに特化していることが示唆される。以上から, 菌が小さいことのメリットは表面積の比が大きいこと, すなわち, 2つの菌体が合体して1つの菌になった時より, 1/2の菌体半径なら表面積/体積比は2倍になり, 周囲から栄養を取り込んで, はやく発酵し, 乳酸を排出する事ができることが理解いただけたと思う。ミルクのような著しく栄養豊富な環境下では, 小さい体で共生することが生き残りのためにはるかに有利に働いたと考えられる。

　この2種の乳酸菌にとっては, これが周囲の雑菌と戦って生き残る戦略であり, そして迅速なヨーグルト発酵は, 我々にとっては食中毒菌や腐敗を起こす菌が生えない「安全」をもたらしてくれている。ヨーグルトの2種の乳酸菌は次に紹介するように, ゲノムサイズを減らす方向へと進化してきていて, 両菌が足りない機能（遺伝子）を補い合って, あたかも1つの菌のように増殖している。

●────── 3 "共生"とゲノムサイズ縮小という"進化"

　[図3-5] に示すように, 細菌の進化はゲノムサイズの拡大と縮小の2方向に分かれる。菌によってはこれまで資化できなかった物質を取り込んで分解できるようになれば, 生存の可能性が高まる。また抗生物質の耐性遺伝子も手に入れば, 抗生物質存在下で生き延びることができる様になる。この様にして水平伝播[6]などにより遺伝子を取り込み, 染色体が巨大化の進化をたどるO157（腸管出血性大腸菌）のような菌は多い。長い人類とヨーグルトの歴史を考えると, 遺伝子水平伝播によ

［図3-5］微生物の進化様式

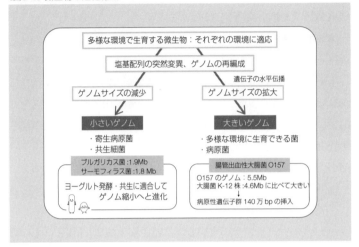

```
┌─────────────────────────────────────────────────────────┐
│   多様な環境で生育する微生物：それぞれの環境に適応            │
│                    │                                        │
│      塩基配列の突然変異、ゲノムの再編成                       │
│            │                    遺伝子の水平伝播              │
│       ┌────┘              └─────────┐                      │
│   ゲノムサイズの減少         ゲノムサイズの拡大               │
│        ↓                          ↓                         │
│   ┌─────────┐              ┌─────────┐                     │
│   │小さいゲノム│              │大きいゲノム│                     │
│   └─────────┘              └─────────┘                     │
│   ・寄生病原菌                ・多様な環境に生育できる菌       │
│   ・共生細菌                  ・病原菌                       │
│   ┌──────────────────┐     ┌──────────────────────┐        │
│   │ブルガリカス菌:1.9Mb│     │ 腸管出血性大腸菌 O157  │        │
│   │サーモフィラス菌:1.8Mb│   │                      │        │
│   └──────────────────┘     │ O157のゲノム：5.5Mb    │        │
│   ヨーグルト発酵・共生に適合して│ 大腸菌K-12株:4.6Mbに比べて大きい│   │
│     ゲノム縮小へと進化         │         ↓            │        │
│                             │病原性遺伝子群140万bpの挿入│      │
│                             └──────────────────────┘        │
└─────────────────────────────────────────────────────────┘
```

りミルク培地に適した機能を所持する「少し大きなゲノムの乳酸菌」が生まれる可能性はなかったのか?という疑問が湧く。しかし実際には，両菌ともに昔はアミノ酸や有機酸合成系が完全だったのが，今や不完全になりゲノムが縮小方向に進化してきていることが，ゲノム解析の結果明らかになっている。さらに，栄養が豊富なミルクに棲むことで多くの栄養素を環境から取り込めるため，輸送関連の遺伝子数を増やし，逆に自らの合成系は落としたり，不活化・偽遺伝子化[7]したりして，複

────────
脚注

(6)――――水平伝播：親細胞から子細胞への遺伝ではなく，個体間や他生物間においておこる遺伝子の取り込みのこと

製の際に身軽になることを選択し，増殖速度を速めることを優先した結果が"ゲノム縮小"と推定されている[1]。

[**表3-1**]，[**表3-2**]に示すように，KEGG[8]（Kyoto Encyclopedia of Genes and Genomes）で公開されているゲノム情報からLB菌，ST菌とも1.8 ～1.9Mbと大腸菌（約4.4Mb）の半分のサイズだが，ゲノムサイズに比べてrRNA，tRNA数が多いこと[1][9]や，多くの偽遺伝子や一部が完全に消失して代謝系が不完全になっている事，またコドンの3番目の揺らぎがGC含量の増加傾向にあることなどから，進化の過程で「ゲノムの縮小化」が起こり，現在も縮小化が進行中であると考えられている[1]。

嫌気性菌である乳酸菌では，好気的代謝で最も重要な代謝経路であるTCAサイクルの10個の反応を担う9個の酵素が欠けてしまっているものが多く，ST菌に残っているのはわずか4酵素，LB菌ではわずか2酵素のみである。LB菌のこの2酵素はフマル酸からコハク酸への代謝に関わっており，フマル酸はST菌からLB菌へ供与され，LB菌の生育を促進することが報告されている[9]。すなわち，TCAサイクルで残存した2酵素は，共生因子のフマル酸代謝を担う酵素であったことは興味深い。

脚注

(7)——— 偽遺伝子：DNAの配列のうち，かつては遺伝子産物（特にタンパク質）をコードしていたと思われるが，現在はその機能を失っているものをいう。偽遺伝子はもとの機能を有する配列に突然変異が生じた結果生まれたと考えられている。

(8)——— KEGG：京都大学化学研究所が運営している遺伝子・タンパク質・分子間ネットワークに関する情報を統合したデータベース。

(9)——— rRNA（ribosomal RNA），tRNA（transfer RNA）

[**表3-1**] KEGGで公開されている*L. bulgaricus*のゲノム情報

公開年	株名	(bp)ゲノムサイズ	CDS数	RNA genes	CDS中のGC含	偽遺伝子フラグメント	codon position3 GC含量
2006年	ATCC 11842T	1,864,998	1,466	122	50.8%	630	65.0%
2006年	ATCC BAA-365	1,856,951	1,380	127	51.2%	(270)	64.8%
2011年	2038	1,872,918	1,333	115	51.9%	341	64.9%
2014年	VIB27	1,853,000	1,783	--	51.7%	459	66.0%
2014年	VIB44	1,818,000	1,711	--	51.8%	388	66.7%
2011年	(ND02)	(2,131,976)	(2,018)	(121)		423	

ゲノムサイズに比較してRNA数が多い

遺伝子の数が多く一部は完全に消失

コドン3番目のGC含量増加傾向

文献[14] より引用

[**表3-2**] KEGGで公開されている*S. thermophilus*

公開年	株名	(bp)ゲノムサイズ	CDS数	RNA genes	(%)CDS中のGC含量	偽遺伝子数＊注(% ORFs)
2004年	CNRZ1066	1,796,226	1914	85	39.1	182（9.5%）
2004年	LMG18311	1,796,846	1888	85	39.1	180（9.5%）
2006年	LMD-9	1,864,178	1715	87	39.1	241（13.1%）
2011年	ND03	1,831,949	1919	71	39.1	---
2001年	JIM 8232	1,929,905	2145	85	38.9	---
2012年	MN-ZLW-002	1,848,520	1910	72	39.0	---
2004年	ASCC 1275	1,845,495	1700	71	39.1	---

＊注：偽遺伝子の数が多く、一部は完全に消失

文献[14] より引用

[図3-6] 2種の乳酸菌の物質交換による共生

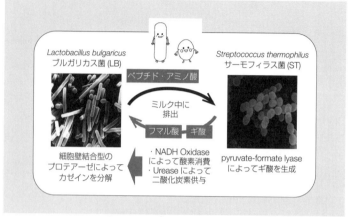

Lactobacillus bulgaricus
ブルガリカス菌 (LB)

Streptococcus thermophilus
サーモフィラス菌 (ST)

ペプチド・アミノ酸

ミルク中に排出

フマル酸　ギ酸

細胞壁結合型の
プロテアーゼによって
カゼインを分解

・NADH Oxidase
によって酸素消費
・Urease によって
二酸化炭素供与

pyruvate-formate lyase
によってギ酸を生成

「乳酸菌とビフィズス菌のサイエンス（京都大学出版会）p.374より改変引用
イラスト：佐々木久美子氏

3　「共生」：物質交換の内容

　ここからは，"共生"の中身について簡単に紹介したい。[図3-6]にその概略を示す。

　明治大学農学部の発酵食品学研究室では共生因子について主に遺伝学的手法すなわち遺伝子を欠損させたり，その発現を解析したりするアプローチを用いて研究しており，世界でも困難とされているLB菌の遺伝子操作ができることを特色としている。乳酸桿菌であるLB菌はファージ（細菌に感染するウィルス）の被害に遭わないという特徴を持ち，外部から侵入する遺伝子（2本鎖のDNA）を切断する能力（制限修飾系）[10] が高いと推定される。前述したように人類によって長い間植え

継がれて利用されると同時に進化してきた菌のため，このような特殊な能力を獲得したのではと推定されるが，遺伝学的な研究する上では甚だ不便な菌となる。すなわち外部からの遺伝子を受け付けないことを意味しており，遺伝子操作が著しく困難である。これを回避するために我々は「接合伝達」という方法を用いて染色体の遺伝子操作に成功した[2]。接合伝達とは本来バクテリアが自然界で遺伝子を伝播するシステムの一つで，菌と菌が接触して伝達機能を持つプラスミド(11) が移ることである。接合伝達ではDNAが1本鎖で移動するために，前述の制限修飾系を回避できたと考えられる[図3-7]。この方法を用いて，目的の遺伝子をノックアウトするために，接合伝達プラスミドの構築を行い，それを接合によってLB菌に移行させる。ところがLB菌ではこのプラスミドは複製されないために，LB菌の染色体の目的部分に組み込まれ，目的遺伝子がコードしている酵素を欠損した株を作成することができ，その酵素の働きを推定することができる。一方のST菌の染色体の遺伝子操作は既存の方法（温度感受性プラスミド)[3] で行うことができる。

脚注

(10)——— 制限修飾系：細菌や古細菌が保持するシステムで，ウィルス（バクテリオファージ）等によってもたらされる外来DNAを切断することにより防御する。このシステムは，制限酵素と呼ばれるDNA切断酵素と，自分のDNAは区別して切断しないためのDNAメチル化酵素から成り立っている。

(11)——— プラスミド：細菌の細胞質内に存在して，細胞の染色体とは別に自律的に自己複製を行う染色体外の遺伝子。

[図3-7] 接合伝達を利用したLB菌の染色体遺伝子の改変

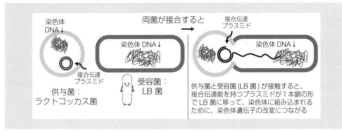

両菌が接合すると

供与菌と受容菌 (LB菌) が接触すると、接合伝達能を持つプラスミドが1本鎖の形でLB菌に移って、染色体に組み込まれるために、染色体遺伝子の改変につながる

「乳酸菌とビフィズス菌のサイエンス (京都大学出版会)」p.371より改変引用
イラスト：佐々木久美子氏

1　共生因子：ST菌 NADH Oxidase によるミルク中の溶存酸素の消費

　乳中で共存している両菌であるが，その性質はそれぞれ特徴的であり，特に酸素に対する応答は異なる。乳酸菌の定義の一つにカタラーゼ（過酸化水素を分解する酵素）を所有しないことがあり，乳酸菌は一般に「嫌気性菌」と言って酸素が苦手とされるが，LB菌は特に酸素に弱く，酸素を除いた嫌気条件でないとコロニーを作ることができない。一方のST菌は比較的酸素に強い。ST菌はLB菌が持たないSOD（スーパーオキシドジスムターゼ）を所持し，そのほかにもNADH oxidase, Dpr, Peroxidase, Peroxiredoxinなど酸素への応答が手厚くある。ヨーグルトを作るための乳酸発酵が始まるためには，乳に溶けている6～7ppmほどの酸素がゼロ近くまで減ることが必要であり，それを担っているのはST菌のNADH oxidaseである[4]。[図3-8]のようにST菌・LB菌両菌共に酸素消費能力を持っているが [図3-8]（A）のST菌は酸素を水に変換するため，過酸化水素が検出されないのに対して，（B）のLB菌は溶存酸素を減らして過酸化水素に変換する。しかし，ヨーグル

[**図3-8**] サーモフィラス菌とブルガリカス菌単菌培養時の溶存酸素消費と
過酸化水素産生

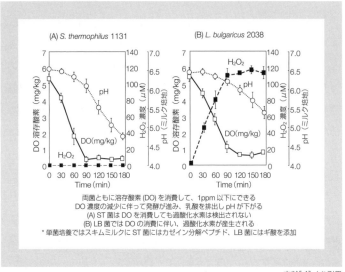

両菌ともに溶存酸素 (DO) を消費して、1ppm 以下にできる
DO 濃度の減少に伴って発酵が進み、乳酸を排出し pH が下がる
(A) ST 菌は DO を消費しても過酸化水素は検出されない
(B) LB 菌では DO の消費に伴い、過酸化水素が産生される
＊単菌培養ではスキムミルクに ST 菌にはカゼイン分解ペプチド、LB 菌にはギ酸を添加

文献[4] より引用

トの共培養下ではほとんど過酸化水素は検出されないため，ミルクの
溶存酸素消費は主にST菌のNADH oxidaseが担っていると推定され
た。そこでNADH oxidaseをノックアウトすると，両菌ともに増殖できず，
乳酸発酵は進まずにヨーグルトができなくなったため，ヨーグルト発酵
にはST菌のNADH oxidaseが必須であることが示唆された。

●────2 共生因子：ST菌からLB菌へのギ酸供与

決定的な共生因子としてST菌がLB菌へ供与するギ酸がある。ギ酸
は「蟻酸」と書かれる様に，一部のアリが持っている還元性の高い毒

性物質であるが，遺伝子などを構成する核酸の材料として，自らは作ることができないLB菌にとっては必須の物質である。

　ギ酸はST菌のPyruvate-formate Lyase（PFL）によってピルビン酸からアセチルCoAと共に生成されるが，PFLが働くためにはPyruvate-formate Lyase Activating Enzyme(PFL-AE)がPFLをグリシルラジカル化によって活性化することが必要であり，嫌気条件と共に菌体内の酸化還元電位がPFL活性に影響する[4]。ギ酸は核酸や酸化還元酵素の補酵素として機能するフラビンモノヌクレオチドなどの材料となり，ST菌・LB菌の双方の増殖に必須な物質である。ギ酸は共生因子の中で最も影響力が大きい因子であるが，ミルクを数分以上加熱またはオートクレーブ[(12)]にかけると，乳糖の分解物として十分量が発生するため，共生因子の実験をする場合はミルクを滅菌する加熱操作を極力抑える調製法が重要となる。ギ酸が欠乏するとLB菌は分裂できなくなって，長く繋がった形態をとることが報告されており[5]，LB菌の増殖に必須な因子である事が認められる。上述のST菌のNADH Oxidase欠損株では溶存酸素消費能が1/3以下になり，さらにST菌は全くギ酸を作れなくなるために，ヨーグルト発酵も進まなくなった。すなわちNADH Oxidaseを欠損するとPyruvate-formate Lyaseが不活化してしまうことが示唆された[4]。

脚注

(12)——— オートクレーブ：実験室で用いられる高圧蒸気滅菌機器。

●———3　共生因子：LB菌のカゼイン分解酵素によるペプチド供与

　[**図3-6**] に示されるように，LB菌からST菌に対してのペプチド・アミノ酸の供与も重要な共生因子である。ミルク中の遊離アミノ酸は微量で，窒素のほとんどはタンパク質の形で存在し，その80％がカゼインタンパク，残りの20％がホエイ（乳清）タンパクで構成される。このカゼインタンパクを分解するカゼインプロテアーゼをほとんどのST菌は所持していない。LB菌は約2千個のアミノ酸から成る膜局在プロテアーゼ（PrtB）によってカゼインを切断，ペプチドやアミノ酸にしてST菌に供与する。全てのST菌がカゼインプロテアーゼを持っていないわけではなく，チーズに用いられるST菌などでは所有（PrtS）[6] しているものもあるが，ヨーグルトからは，PrtSを所有しているST菌は見つかっておらず，またPrtB欠損のLB菌とPrtS所有のST菌を共生させた場合はPrtSが発現するが，PrtB所有のLB菌を共生させるとPrtSが発現しなくなり，PrtBの方がST菌の必要な窒素化合物を供する能力がはるかに高い事が報告されている[7]。

●———4　ST菌ウレアーゼによるLB菌への二酸化炭素供給

　ST菌のウレアーゼはミルク中のウレアを分解して二酸化炭素とアンモニアにする酵素だが，以前からこのウレアーゼは「ヨーグルト発酵を促進する共生因子である」という意見と「アンモニアによってpH降下を抑制し発酵を遅らせる因子である」という2つの対立した報告があった。一般的に乳酸菌は"株"による差が大きく，共生による発酵促進もST菌/LB菌の組み合わせによって大きく異なるため，上記の対立意見は異なる株同士を単一の組み合わせのみで試験していることから生じると考えられた。

ウレアーゼは8個の遺伝子から成るクラスターから構成される。我々は発酵速度の異なるST菌3株の*ureC*（1719bp）の活性部位部分をノックアウトして，ウレアーゼ活性を喪失した欠損株を得，二酸化炭素要求性の異なるLB菌と，発酵速度の異なるST菌の野生株・ウレアーゼ欠損株の複数の組み合わせを用いて発酵試験を行なった[8]。ST菌は3株全てにおいてウレアーゼ欠損によって単菌の生育が抑制され，その抑制は（NH_4）$_2$$SO_4$添加によって補填されたことから，ウレアーゼによるアンモニアの供給はすべてのST菌にとって重要である事が認められた。一方7株のLB菌のうち4株はウレアーゼ由来のCO_2を生育に要求した。すべての組み合わせにおいてウレアーゼ欠損によってヨーグルト発酵の抑制が観察された。以上から，ウレアーゼによるアンモニアの供給はすべてのST菌の増殖に必要であり，ST菌の生育抑制が起これば ヨーグルト発酵は進まないことが確認された。

また前述したように，ST菌の生産するフマル酸もLB菌の増殖を促進することから共生因子として認められている[9]。

4　　　　　ミルクへの適応

両菌のミルクへの特別な適応の一例として，両菌ともにグルコースよりもラクトースを優先して利用し，いわゆるカタボライト抑制が起こらないことが挙げられる。ほとんど全ての生物では，グルコース存在下では「カタボライト抑制」と言われるグローバルな発現調節機能が働き，代謝されやすいグルコースを優先して利用することにより効率的な糖代謝ができているため，例外と捉えることができる。LB菌では [**図3-9**] に

[図3-9] 乳への特化：ブルガリカス菌ラクトースオペロン

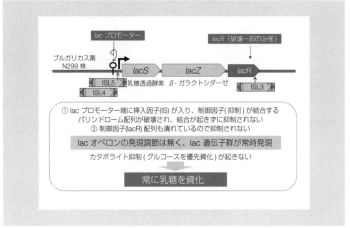

文献[10] より改変引用

示すようにlactose permease（乳糖透過酵素）とbeta-galactosidase（乳糖分解酵素）からなるラクトースオペロンがある。通常は機能するリプレッサー（遺伝子発現を抑制するタンパク質）lacRがIS（Insertion sequence,転移因子）の挿入によって不活化し，さらにlacRの結合部位にもISが挿入して構造が壊されており，その結果beta-galactosidaseが恒常的に発現している[10]。すなわちグルコースより常にラクトースが優先して吸収された後に，分解されるように変異している。

　これは，たまたまISが挿入されラクトースオペロンが抑制されない株では常に乳糖が吸収されて分解されるために，乳糖のみのミルク中での生育が他の株を凌駕し，優勢となって選抜された結果と推定された。また前述したように，両菌ともにアミノ酸合成系の遺伝子群が偽遺伝

[図3-10] ブルガリカス菌・サーモフィルス菌間の相互作用

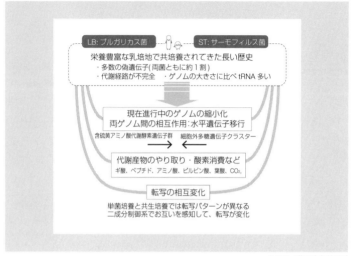

イラスト：佐々木久美子氏

子化するなどして不完全な形である一方，ミルク培地からのペプチド・アミノ酸輸送体をコードする遺伝子群が多いのは，カゼインタンパク・ホエイタンパクが豊富なミルクでは，合成せずにミルクから吸収した株がやはり生育が速く，選抜された結果と推定された。

これまでの共生に関するまとめを[図3-10]に示す。長い歴史の中でヨーグルトとして植え継がれて選抜が重ねられた結果，ゲノムを小さくして身軽になり，それぞれが役割分担を行い，両菌があたかも"ひとつの菌"として振る舞うことで「ミルク中でのより速い発酵（増殖）」を可能にしていることが示唆された。両菌の間では物質のやり取りのみならず，多糖合成遺伝子群などの水平伝播を含めて，共生に適応した代謝遺

伝子の偽遺伝子化や欠損などの変化，そして共生時には二成分制御系でお互いを感知している可能性[11]および共生時の転写パターンが単菌時と異なることがトランスクリプトーム解析から示されている[12]。すなわち両菌は共生するときはお互いを感知して，代謝などの活動を変化させている可能性がある。

5 　　おわりに

　1章で述べたように，発酵食品における乳酸菌の役割は大きく4つあり，①美味しさ，すなわち乳酸菌の代謝物による風味やうまみの添加　②共に働く優良酵母に最適な環境づくり　③健康効果および免疫賦活効果　④そして最も重要な乳酸菌の働きは，食中毒菌などを排除する"抗菌力"により食品の保存性を高めることにある。ST菌は株によってはバクテリオシンという抗菌ペプチドを分泌したり，LB菌は微量の過酸化水素やアセトアルデヒドなどを排出するが，やはり抗菌の主力は乳酸である（1章参照）。本章では，その迅速な乳酸発酵を可能にした「共生」と「ゲノム変化」について紹介した。

　[図3-11]に示した様に，両菌は元々は植物由来であったとされており，今より大きいゲノムをもって植物の様々な糖を資化できて，またアミノ酸，有機酸も合成できたと推定される。人が家畜を利用しそのミルクの保存が必要になった時から，ヒトとヨーグルト発酵を担う乳酸菌との長い付き合いが始まった。植物由来であった乳酸菌は，乳糖とタンパクが豊富なミルクの住人となることを選び，長い人類の歴史とともにヨーグルトの菌として選抜が重ねられてきた結果が，LB菌とST菌の共

[図3-11] 両菌は共生に適するように進化

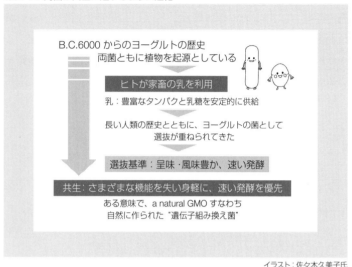

B.C.6000 からのヨーグルトの歴史
両菌ともに植物を起源としている

ヒトが家畜の乳を利用

乳：豊富なタンパクと乳糖を安定的に供給

長い人類の歴史とともに、ヨーグルトの菌として
選抜が重ねられてきた

選抜基準：呈味・風味豊か、速い発酵

共生：さまざまな機能を失い身軽に、速い発酵を優先

ある意味で、a natural GMO すなわち
自然に作られた"遺伝子組み換え菌"

イラスト：佐々木久美子氏

生という形になったと考えられる。

*El Kafsi*らは[13]この両菌の進化中に起こった「ヨーグルト発酵に特化した変化」はまるで「自然に作られた遺伝子組み換え菌」と表現しているが，言い得て妙というところである。微生物のゲノムは時代や環境に合わせて流動していくことが知られており，今後ヒトとの付き合いの中でどの様な変化が両菌に起こるのであろうかと，興味は尽きない。

引用文献

[1]———— The complete genome sequence of *Lactobacillus bulgaricus* reveals extensive and ongoing reductive evolution, van de Guchte M. et.al, PNAS, 103：9274, 2006

[2]———— Novel shuttle vector pGMβ1 for conjugative chromosomal manipulation of *Lactobacillus delbrueckii* subsp. *bulgaricus*. Iwamoto D. et.al, BMFH, 41：20, 2022

[3]———— High-efficiency gene inactivation and replacement system for gram-positive bacteria. Biswas I. et.al, *J Bacteriol* 175：3628,1993

[4]———— NADH oxidase of *Streptococcus thermophilus* 1131 is required for the effective yogurt fermentation with *Lactobacillus delbrueckii* subsp. *bulgaricus* 2038. Sasaki Y. et.al, BMFH, 33：31,2014

[5]———— Growth of *Lactobacillus bulgaricus* in milk. 1. Cell elongation and the role of formic acid in boiled milk. Suzuki I. et.al, J Dairy Sci, 69：311, 1986

[6]———— Isolation and characterization of *Streptococcus thermophilus* possessing prtS gene from raw milk in Japan, Yamamoto E, BMFH, 39：169, 2020

[7]———— Cell-wall proteinases PrtS and PrtB have a different role in *Streptococcus thermophilus/Lactobacillus bulgaricus* mixed cultures in milk, Courtin P, Microbiology, 148：3413, 2002

[8]———— The critical role of urease in yogurt fermentation with various combinations of *Streptococcus thermophilus* and *Lactobacillus delbrueckii* ssp. *bulgaricus*, Yamauchi R. et.al, J. Dairy Sci. 102：1033, 2019

[9]———— Effect of fumaric acid on the growth of *Lactobacillus delbrueckii* ssp. *bulgaricus* during yogurt fermentation, Yamamoto E, J Dairy Sci, 104：9617, 2021

[10]———— Regulation and adaptive evolution of lactose operon expression in *Lactobacillus delbrueckii*. Lapierre L et.al, J Bacteriol 184：928, 2002.

[11]———— Characterization of *Streptococcus thermophilus* two-component systems：In silico analysis, 44 functional analysis and expression of response regulator 45 genes in pure or mixed culture with its yogurt partner, 46 *Lactobacillus delbrueckii* subsp. *bulgaricus*, Thevenard B, Int J Food Microbiol, 151：171-181. 2011

[12]———— Postgenomic analysis of streptococcus thermophilus cocultivated in milk with *Lactobacillus delbrueckii* subsp. *bulgaricus*：involvement of nitrogen, purine, and iron metabolism. Herve-Jimenez L, Appl Environ Microbiol 75：2062, 2009

[13]———— *Lactobacillus delbrueckii* ssp. *lactis* and ssp. *bulgaricus*：a chronicle of evolution in action, Kafsi HE, BioMed Central, 15：407, 2014

[14]———— ヨーグルトを造る乳酸菌共生発酵研究の最近の知見，佐々木泰子，日本乳酸菌学会誌，26：109, 2015

第4章

醤油と機能性醤油
—高血圧対応，大豆・小麦アレルギー対応醤油の開発—

キッコーマン株式会社 研究開発本部

仲原丈晴

筆者は企業で発酵調味料の研究開発に従事しているが，明治大学農学部で2014年から発酵食品学の講義を1コマ担当している。講義では学生の皆さんが熱心に聞いてくださり，さまざまな鋭い質問をしてくださったりして，私自身新しい気づきがあり，勉強させていただいている。本章では，講義の内容をベースとして，醤油の歴史や製造方法について概説し，醤油における最近の研究開発事例を紹介する。

1　　醤油の歴史

醤油のルーツとして歴史上最初に登場するのは，約3000年前の中国の醤（ショウ）である[1]。当初は動物肉に雑穀麹と塩を混合して発酵させた保存食だった。大豆等の穀物を主原料とした醤が作られるようになったのは約2000年前と考えられている。6世紀の中国の農業技術書「斉民要術」には醤の詳細な製法や，豉（シ）という大豆発酵食品も記録されており，これらが現在の醤油や味噌の共通の祖先である。

日本への伝来時期については明確な記録はないが，古くからの中国・朝鮮との交易の中でたびたび伝わってきたものと考えられ，701年の大宝律令には大豆を原料とした醤（ひしお）が作られていたことが記載されている。なお，中国の麹は*Rhizopus*属や*Mucor*属が主体であったが，日本に伝来した後，現在と同じ*Aspergillus*属主体の麹に変わったと考えられる[2]。

室町時代には，醤や未醤（味噌）を水で薄めて，ザルや布で濾した「垂れ味噌」が液体調味料として使用される時代を経て，現在の醤

油（たまり醤油）の原型が完成した。16世紀後半から龍野，湯浅，尼崎等で醤油醸造家が創業した記録があり，各地に広まっていった。1597年の「易林本　節用集」に辞書として初めて「醤油」の語が登場した[3]。その後も各地で製法の改良が重ねられ，江戸時代後期には現在の濃口や淡口等の本醸造醤油の製法が確立し，和食文化に欠かせない調味料となった。

　ところで，13世紀半ばの湯浅で経山寺（径山寺）味噌の溜まり汁を液体調味料として使い始めたのが醤油の発祥という伝承が知られているが，客観的な記録が残っておらず諸説の異論もある[2] [3]。

　日本から海外への醤油の輸出は，江戸時代のオランダ貿易に始まり，ヨーロッパだけでなく中国やインドにも運ばれていた記録がある。そのおいしさは各国の人々を魅了したが，当初は輸出量が少なく貴重品として宮廷や富裕層の間で用いられた。第二次世界大戦後，醤油の輸出が再開され海外で一般にも普及が加速した。1957年にキッコーマンがアメリカに現地法人を設立したのを皮切りに，ヨーロッパやアジアでも現地生産と販売を開始した。現在では日本の複数のメーカーが海外に事業展開しており，世界100か国以上で醤油が販売されている。日本料理店だけでなく，現地の食文化に融合して普段の家庭料理にも用いられるようになり，世界の人々から愛される調味料になっている。

2　　醤油の製法

　日本においては，醤油の製法は日本農林規格（JAS）で定義されて

[図4-1] 醤油(本醸造方式)の製法

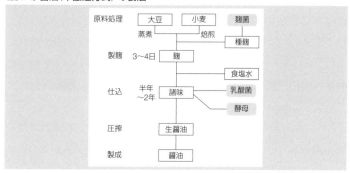

いる。醤油(本醸造方式)の一般的な製法を[**図4-1**]に示す。主原料は大豆,小麦,食塩である。

　大豆は,大豆油を取り除いた脱脂加工大豆,もしくは大豆をそのまま用いる丸大豆が使用される。一般的には吸水後に加圧加熱処理を行う蒸煮によって,タンパク質の変性や細胞壁多糖の可溶化を行う。小麦は,一般的には焙煎によってデンプンをα化した後,割砕する。タンパク質の変性やデンプンのα化を行うことにより,後の工程で麹菌由来酵素による分解を受けやすくなる。

　種麹は,製麹の際の麹菌スターターとなるもので,小麦ふすま,精白押麦,割砕小麦,砕米などに散水し,蒸煮殺菌を行ったものに特定の麹菌株の分生子を植菌,培養し,分生子を充分着生させたものである。なお,醤油麹において純粋培養した種麹を製麹ごとに毎回接種するようになったのは20世紀に入ってからと言われている[4]。それ以前は品質の良かった麹の一部を取り分けて,次回の製

麹の際に種麹として添加する共麹(友麹)法が主流であった。

　製麹工程では，原料処理した大豆と小麦，種麹を混合し，約25 ～
40℃，湿度約85 ～ 95％の範囲で適宜調節しながら3 ～ 4日かけ
て麹菌を生育させる。この過程で麹菌がプロテアーゼ，アミラーゼ，
セルラーゼ等の多様な酵素を生産することにより，後の仕込工程で
原料の溶解・分解が進む。さらに，麹菌の菌株や生育度合いによっ
て得られる醤油の味や香りが異なることが知られており[4]，良質な麹を
作る工程は良質な醤油を得るうえで非常に重要である。

　次に，仕込工程では，麹に食塩水を混合して諸味を調製する。清
酒や味噌においては麹と未製麹原料が混合して仕込まれるのとは異
なり，醤油では原料の全量を製麹する全麹仕込が主流である。

　諸味の食塩濃度は13 ～ 18％（w/v）程度であり，耐塩性のない微
生物は速やかに死滅するため，腐敗することなく長期間の発酵熟成
が可能となる。麹菌も死滅するが，麹菌が生産した酵素の活性は残
り，原料のタンパク質や多糖類の分解が進む。これらがグルタミン
酸をはじめとしたアミノ酸や糖類となって醤油の味を形作るものと
なる。

　仕込後数週間～数ヶ月の間に，耐塩性を有する乳酸菌*Tetragenococcus
halophilus*や酵母*Zygosaccharomyces rouxii*が生育し，乳酸等の有機酸類
やエタノール，香気成分を生成する。これらが過不足なく，最適なタイ
ミングで行われることが優れた風味の醤油を作るうえで重要である。
そのために諸味の温度や通気量の調節が行われる。

　伝統的には，乳酸菌や酵母は仕込桶に付着していたものが増殖
し発酵していたが，近年では発酵状態の安定化やアミン類の低減等
を目的として，優良選抜した菌株を純粋培養したスターターを諸味に

添加することが多くなっている[4]。

　仕込みの後半では，微生物の活動が穏やかになり，アミノ酸と糖が結合するアミノカルボニル反応や，それに伴う一連の化学反応（メイラード反応）により，醤油らしい色を呈する成分（メラノイジン）や香気成分が生成する。しかしながら，仕込期間が長すぎると濃色化が過度に進行し，香りも華やかさを失う。さらに，グルタミン酸が「うま味」を呈さないピログルタミン酸に徐々に変化するため，適度な期間で仕込みを終了し圧搾するのが好ましい[4]。

　圧搾工程では，諸味を布で包み，加圧濾過を行うことにより，不溶性固形分（醤油粕）が除去された生醤油を得る。

　次に製成工程では，油分の分離や珪藻土濾過を行って清澄度を高め，加熱殺菌（火入れ）を行う。火入れによりタンパク質が変性して凝集沈殿し，滓（おり）となる。滓を含まない上清のみを醤油として使用する。火入れの際に加熱による褐変反応が起こり，メラノイジンが増加して濃色化するとともに，火入れ特有の香気成分が生成する。一方最近になって，加熱殺菌を行わず膜濾過によって除菌を行った生醤油が広く流通するようになった。色がうすく，香りがおだやかという特徴があり，市場で増加傾向にある。

　以上が本醸造方式醤油の一般的な製造法である。なお，大豆や小麦に塩酸を加えて加熱分解後，水酸化ナトリウムで中和した「アミノ酸液」を使用したものも，国内では混合方式醤油として，海外ではsoy sauceとして用いられているが，微生物による発酵食品とは異なるものである。

3 血圧降下ペプチド高含有醤油の開発

　多くの疫学研究の結果から，高血圧は脳血管障害，虚血性心疾患，腎疾患などの危険因子となることが示されている[5]。日本において高血圧症有病者は約3970万人，正常高値血圧者は約1520万人で，その合計は5490万人にものぼり[6]，国民の健康維持・増進の観点から，高血圧の発症予防あるいは症状改善を図ることが重要な課題となっている。

　日本では1980年代以降，食品の三次機能を応用し，積極的な生体調節機能を持たせた食品の研究・開発が盛んになり，従来の一般食品では認められていなかった，健康に寄与する機能性の表示（ヘルスクレーム）を認めた特定保健用食品（トクホ）制度が発足した。これまでに「血圧が高めの方に適する」食品として，アンジオテンシン変換酵素（ACE）阻害ペプチドを配合したトクホが販売されており，継続的にこれらの食品を摂取することによって，高血圧予防に貢献できることが示されている[7]。

　ペプチドのACE阻害作用については多くの文献[8]によって解説されているため詳細は省略するが，特有のアミノ酸配列を有したペプチドが生体内でアンジオテンシン変換酵素を阻害することによって，昇圧ホルモンであるアンジオテンシンⅡの生成が抑制され，降圧作用を発揮することが知られている。

　前述のとおり，本醸造醤油では醤油麹を食塩水で仕込んだ後に，諸味液汁中に遊離した麹菌酵素によって，原料の大豆と小麦のタンパク質が分解され，遊離アミノ酸やペプチドが生成する。半世紀以上にわたり，醤油醸造におけるタンパク質分解機構とペプチドの関係

について多くの研究が行われてきた。

　例えば中台[9]は，醤油麹由来の各種プロテアーゼ・ペプチダーゼを精製し，おのおのの酵素のタンパク質分解に対する寄与を調べ，原料の大豆タンパク質がエンド型プロテアーゼ（主にアルカリプロテアーゼ）によってポリペプチドに分解し，さらに，このポリペプチドのアミノ末端（N末）にアミノペプチダーゼが作用するとともに，カルボキシル末端（C末）にカルボキシペプチダーゼが作用することで，アミノ酸を1残基ずつ遊離していく基本的なモデルを提唱している。そしてポリペプチドがトリペプチドやジペプチドまで短くなると，これらのペプチダーゼによる分解を受けにくくなるため，一部のペプチドが最終製品の醤油にまで残存すると考えられていた。実際に，これらの酵素反応の結果生じたペプチドを醤油から単離同定する研究も行われており，1970年代には20種類以上のペプチドが同定または構造推定された報告がある[10]。

　このように醤油にペプチドが含まれることは古くから知られていたが，筆者らが研究を開始した当時，個々のペプチドの含有量を明確に示した文献は見当たらなかった。また，それぞれのペプチドが，どの程度のACE阻害活性を示すかも知られていなかった。従来の醤油業界においては，原料のタンパク質をできるだけ効率的に可溶化し，うま味に寄与するグルタミン酸をはじめとした遊離アミノ酸量を増加させることに主眼を置いた製法改良がなされてきた。そのために，ペプチドはその分解過程の中間体と見なされる程度でしかなかった。

　筆者らは，高血圧者が増加する社会的背景の中で，醤油が果たせる役割はないかと考えていた。醤油は，塩味や旨味，香りを付与するために世界中で広く用いられており，毎日の食事の味付けに用

いられている。醤油に血圧コントロールに資する機能性を持たせることができれば，その機能を無理なく自然に継続摂取することができ，人々の健康維持に貢献できると考えた。そして，従来の醤油醸造の常識とは逆転の発想で，醤油醸造中のペプチドの遊離アミノ酸への分解を抑制し，ペプチドを多く残存させることができれば，血圧降下作用を有するACE阻害ペプチドも増やすことができるのではないか，との着想に至った。

　ところが実際に試作を開始してみると，多くの壁に直面することとなった。醤油諸味中でのタンパク質分解反応は，麹菌によって生産された多種多様の酵素が同時並行的に働く極めて複雑な系であり，ペプチドの生成／分解に関与する酵素も多数存在する。原料配合や仕込み温度・期間など，現実的に操作可能な条件変更だけでペプチド分解を適切に制御するのは至難の業であった。

　そこで，醸造中の諸味に含まれる各種ペプチダーゼの残存活性を経時的に測定する方法を初めて確立し，特定の醸造条件において，ペプチド分解に寄与の大きい主要なペプチダーゼ（ロイシンアミノペプチダーゼIおよびII）が失活することを発見した[11]。すなわち，仕込み初期の諸味の温度を高めに保持することによって，諸味中のペプチダーゼが失活し，ペプチドの分解が抑制されることがわかった。

　また，ペプチドを残そうとして原料の分解度合いを抑制しすぎると，諸味の圧搾後に回収できる醤油の量が極端に少なくなるため歩留まりが悪化したり，独特の異味が生じたりしたため，ほどよい"塩梅"を探る必要もあった。

　検討の結果，以下の2つの方策を採ることで，ペプチド量を増やしつつ，醤油らしいおいしさを有する醤油様調味料（大豆発酵調味液）

[図4-2] ペプチド高含有醤油におけるペプチド残存機構の模式図

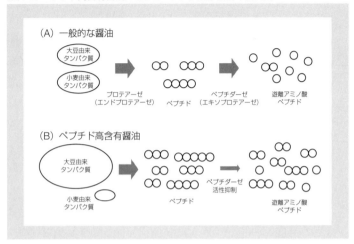

が製造できることを突き止めた[12]。

①原料配合（大豆と小麦の混合比率）に占める大豆の割合を増やし，ペプチドの原料となるタンパク質量を増やした（大豆のタンパク質量は約35%，小麦のタンパク質量は約10%）。②仕込み初期の諸味温度を通常の醤油より大幅に高く保持することで諸味中のペプチダーゼを失活させ，さらに，仕込み期間を通常より短縮することでペプチドの分解が進行する前に仕込みを終了させた［**図4-2**］。

大豆発酵調味液および濃口醤油のACE阻害活性を測定したところ，大豆発酵調味液は濃口醤油より強いACE阻害活性を示したことから，期待どおりACE阻害ペプチドを多く含むと考えられた。そこで，大豆発酵調味液を分取カラムクロマトグラフィーで分画し，ACE阻害ペ

[表4-1] 大豆発酵調味液および濃口醤油中のACE阻害ペプチドとその含有量

ACE阻害 ペプチド	ACE阻害活性 (IC_{50}, μM)	含有量（$\mu g/mL$）	
		大豆発酵調味液	濃口醤油
Ala-Trp	10	9	1
Gly-Trp	30	25	1
Ala-Tyr	48	43	4
Ser-Tyr	67	100	3
Gly-Tyr	97	136	19
Ala-Phe	190	45	4

プチドの単離精製と構造決定を行った[12]。

　大豆発酵調味液および濃口醤油に含まれるこれらのペプチドの含有量を［表4-1］に示す。大豆発酵調味液は濃口醤油と比較して顕著に高濃度のACE阻害ペプチドを含むことが明らかとなり，その量は濃口醤油と比較して7 ～ 33倍であった[12]。これらのACE阻害ペプチドは大豆発酵調味液の仕込条件においては残存しやすく，対照的に濃口醤油では分解されやすいと考えられた。一方，興味深いことに濃口醤油中にもこれらのペプチドが微量に含まれていることから，醤油の長い歴史の中で人々がこれらの成分を摂取してきたと推測することができ，食経験が豊富な成分であることが示唆された。

　これらの研究結果を元に，大豆発酵調味液を減塩醤油に配合し，だし等で味を調えた大豆ペプチド高含有減塩醤油を開発し，通常の減塩醤油と遜色ないおいしさを実現した。1日摂取目安量を8 mLと設定し，この中に代表的なACE阻害ペプチドであるGly-Tyrが430μg，Ser-Tyrが250μg含有されるよう設計した。これを試験食品として用い，正常高値血圧者および未治療のⅠ度高血圧者（軽症高血圧者，収縮期

[図4-3] 大豆ペプチド高含有醤油（大豆発酵調味液配合） の正常高値血圧者および
Ⅰ度高血圧者に対する血圧降下作用

○：対照食品（減塩醤油）摂取群，■：大豆ペプチド高含有醤油（大豆発酵調味液配合）摂取群
対照食品＝64名，被験食品＝68名
＊P＜0.05，＊＊P＜0.01(摂取開始時との比較)
＃P＜0.05，＃＃P＜0.01(対照群との比較)

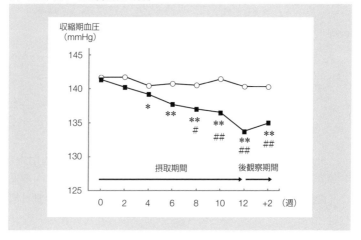

血圧140 〜 159mmHgまたは拡張期血圧90 〜 99mmHg) を対象に，無作為
化二重盲検並行群間比較法による12週間の連続摂取試験を実施し
た。その結果，大豆ペプチド高含有醤油摂取群では摂取4週後から
摂取終了2週後まで継続して収縮期血圧の有意な低下が認められ，
摂取開始時と比較して収縮期血圧値が7.6mmHg低下した（[図
4-3]）[13]。また，対照食品摂取群との群間比較でも，収縮期血圧におい
て摂取8週後から摂取終了2週後まで継続して有意な低値を示した。
　このことから，大豆発酵調味液を配合した大豆ペプチド高含有醤油
は，血圧が高めの人に対して血圧降下作用を発揮することが確認でき

た。なお，正常血圧者や，高血圧薬服薬者が摂取しても，過度の降圧等の有害事象が起こらないことも確認している[13]。

　本品は2013年に醤油類で初の「血圧が気になる方」向けのトクホ表示許可を取得し，発売した（商品名「まめちから大豆ペプチドしょうゆ」）。さらに機能性表示食品の届出を行い，2017年にボトル容器を採用した新商品を発売した（商品名「大豆ペプチド減塩しょうゆ（だし入り）」）。これらの商品は，おいしさの面でも通常の減塩醤油に匹敵する品質を実現したことにより，普段の食生活の中で通常の醤油と置き換えて無理なく用いることができる。日本においては，収縮期血圧水準が2 mmHg低下すれば，脳卒中死亡率が6.4%減少すると推計されている[14]。高血圧は日本だけでなく海外においても問題となっており，今後，本技術を展開することによって，世界の人々の食生活と健康増進にも貢献できると期待される。

4　　えんどう豆を用いた醤油風調味料の開発

　食物アレルギー診療ガイドライン[15] によれば，食物アレルギーとは，「食物によって引き起こされる抗原特異的な免疫学的機序を介して生体にとって不利益な症状が惹起される現象」と定義されている。症状としては，原因食物の摂取後に蕁麻疹等の皮膚粘膜症状，下痢嘔吐等の消化器症状が現れたり，重篤な場合は呼吸困難や血圧低下，意識障害等の全身性症状（アナフィラキシーショック）となり，死に至るケースもある。近年，先進国で食物アレルギー患者が増加傾向にあり，その有病率は幼児で約5%，学童期から成人では1.5 ～ 3%程度と考え

[**表4-2**] 加工食品において表示が必要なアレルゲンを含む原材料

規程	表示	原材料
特定原材料 7品目	表示義務	卵, 乳, 小麦, そば, 落花生, えび, かに
特定原材料 に準ずるもの 21品目	表示奨励	アーモンド, あわび, いか, いくら, オレンジ, カシューナッツ, キウイフルーツ, 牛肉, くるみ, ごま, さけ, さば, 大豆, 鶏肉, バナナ, 豚肉, まつたけ, もも, やまいも, りんご, ゼラチン

られている[15]。食物アレルギーが社会の中で身近に存在するものとなる中, 行政や企業の対応も求められている。

　食物アレルギーは, 食物に含まれる特定の成分やタンパク質の部分領域 (アレルゲン) に対し体内の免疫システムが反応することにより生じる。現在のところ根本的な治療法が確立されておらず, アレルゲンを含む食物を摂取しないことが発症を防ぐための最も確実な方法である。加工食品では, さまざまな食物原料を用いたり, 異なる製品で同じ製造ラインを共用することもあるため, アレルゲンの意図せぬ混入のリスクがある。食物アレルギー患者の誤食による発症を防ぎ, 患者自身が食べられる食品を選別しやすくするために2001年に食品衛生法で主要なアレルゲンを含む原材料を用いた加工食品の原材料表示ルールが定められた[16]。

　表示対象品目は, 症例報告等をふまえ随時追加されており, 2019年10月時点で, 表示義務7品目, 表示推奨21品目の計28品目の原材料が表示対象になっている。これらを原料に用いた場合に製品ラベルへの表示が行われている ([**表4-2**])。一般的な醤油の原料である小麦は表示義務, 大豆は表示推奨に該当するため, 醤油の製品ラベ

ルでは「大豆・小麦」が強調表示されていることがほとんどである。また，醤油を原料に使用した加工食品の原材料表示においても「しょうゆ（大豆・小麦を含む）」と表示されている。

醤油中の大豆・小麦アレルゲンについては，これまでにさまざまな研究が行われてきた。前述のとおり，一般的なImmunoglobulin E (IgE)依存型食物アレルゲンは，特定のタンパク質の特定領域（アミノ酸配列）が特異的IgE抗体に認識・結合されることで発症する。このため，酵素などでタンパク質が分解されてIgE抗体が結合しないレベルまで低分子化された場合（低分子ペプチドやアミノ酸になった場合），抗原性は低下する。醤油においては，製麹工程で麹菌が産生したプロテアーゼやペプチダーゼによって原料タンパク質が分解を受けるため，相対的に抗原性は低くなっていると考えられる。

橋本らは，イムノブロッティング法およびEnzyme-Linked Immuno Sorbent Assay（ELISA）法により，製品醤油中の小麦アレルゲンが不検出（1 ppm以下）であることを報告している[17]。また，小川らは醤油醸造中に大豆アレルゲンが分解することを報告しており[18]，真岸らもウエスタン解析により火入れ醤油において大豆アレルゲンが不検出であることを報告している[19]。さらに，厚生労働科学研究班による食物アレルギー栄養食事指導の手引2017[20]において，「醤油や味噌は，醸造過程で大豆アレルゲンの大部分が分解されるため，摂取可能なことが多い」「醤油の原材料に利用される小麦は，醸造過程で小麦アレルゲンが消失する。したがって原材料に小麦の表示があっても，基本的に醤油を除去する必要はない」と記載されている。

しかしながら，重症のアレルギー患者は含有量が少なくとも原材料表示を気にする場合があり，醤油そのものや醤油を使用した食品の摂

取を控えることもある。また，たとえアレルゲンがほとんど分解されていたとしても，原材料表示の観点から「特定原材料等28品目不使用」等をコンセプトとしたアレルギー対応加工食品の原料に醤油を用いることができないという課題もあった。

このような社会的背景から，筆者らは，一般的な濃口醤油に近い味わいを持ち，大豆・小麦不使用商品を望む方が安心して使用できる醤油風調味料の開発に着手した。検討の結果，えんどう豆を原料に用いて製麹・仕込を行うことにより，目的の品質の実現に成功した。

えんどう豆は古代から食用とされ，紀元前7世紀頃には栽培されていたと考えられている[21]。世界各地で主食としたり，スープやサラダの具材として広く用いられている。日本では青えんどうがグリーンピースとして料理に彩りを添えるために用いられるほか，うぐいす餡，煮豆，甘納豆，スナック菓子の原料などにも用いられるなど，非常に馴染み深い主要な豆である。世界生産量は約1000万トン[21]で年間を通じて流通量が多く，各種穀物の中では価格も比較的安定しており，工業的に調達しやすい原料である。

ところで，えんどう豆は分類上，マメ科エンドウ属エンドウ（*Pisum sativum* L.）であり，漢字では豌豆（えんどう）と表記されるが，本章では一般的に慣用されている「えんどう豆」の名称で記載する。

えんどう豆を原料に用い，通常の濃口醤油と同様に製麹・仕込・圧搾・火入れを行うことで，えんどう豆醤油を得た。試作の結果，種麹の調製やえんどう豆麹の製麹などの工程において，通常の醤油製造とはやや異なる工夫が必要な点もあったが，全ての工程で課題を解決することができた。諸味の性状や発酵性は一般的な濃口醤油の諸味と大きな差がなく，圧搾性も同等となった。また，製成工程にお

[表4-3] えんどう豆醤油の分析値

	可溶性総窒素 (%)	食塩 (%)	エタノール (%)	乳酸 (%)	pH	色番	HEMF (ppm)
えんどう豆醤油	1.40	16.3	3.2	0.9	4.7	17	14
濃口醤油	1.68	15.8	2.9	0.9	4.9	9	29

いては，醤油油がほとんどなく，濃口醤油と比較して火入れオリが少なかった。これらのことから，通常の醤油製造設備で製造可能であると考えられた。

　食物アレルゲンの検査方法として，イムノクロマト法，ウェスタンブロット法，Polymerase Chain Reaction(PCR)法，ELISA法が存在するが，食品製造工程の定量的公定法として，ELISA法が推奨されていることから[22]，ELISA法による大豆・小麦アレルゲンの定量を行った。その結果，仕込み初期から最終製品に至るまで，全て検出限界以下であった(データは省略)。

　試作品の分析値を [表4-3] に示す。えんどう豆醤油は可溶性総窒素 (TN) が濃口醤油と比較してやや低かったが，しょうゆ日本農林規格(JAS)でこいくち上級に相当する程度のTNとなった。乳酸発酵は順調で濃口醤油と同等のpHまで低下し，酵母発酵も旺盛で同等のエタノール量となった。色沢は濃口醤油よりやや淡くなる傾向が認められた。醤油の特徴香気成分の4-Hydoxy-2 (or5) -ethyl-5 (or2) -methyl-3 (2H) -furanone (HEMF) は，濃口醤油よりやや少なかったものの，十分な醤油香が感じられる濃度であった。

　次に，えんどう豆醤油のアミノ酸分析の結果を[図4-4]に示す。アミノ酸総量は濃口醤油よりやや少なかった。しかし興味深いことに，えんどう豆醤油の各アミノ酸の含有量のバランスは，主原料にえんどう

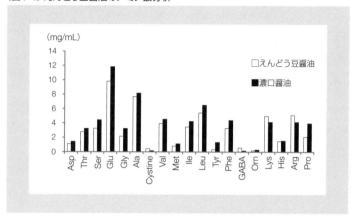

[図4-4] えんどう豆醤油のアミノ酸分析

豆のみを用いたにも関わらず，大豆・小麦を用いた濃口醤油に非常に近かった。このことから，えんどう豆醤油が濃口醤油に近い呈味を持つことが期待された。

　近年，食品業界においてヒトの感じる味を官能評価パネルに代わって検出する味認識装置（味覚センサー）が普及している。呈味物質の吸着特性の異なる6種の人工脂質膜センサーを用い，基本五味および渋味を測定することが可能で，ヒトの官能評価と高い相関を示すことが報告されている[23]。えんどう豆醤油が，他の醤油や醤油風調味料と比較してどのような呈味特性を有するか明らかにするため，味認識装置を用いて測定を行い，各センサーの測定値を主成分分析した（[図4-5]）。その結果，えんどう豆醤油は濃口醤油と近い位置にプロットされた。このことは各センサーの測定値のパターンが近いことを示し

[図4-5] 味認識装置を用いたえんどう豆醤油の呈味特性のプロファイリング
図中の当社はキッコーマン社を示す。

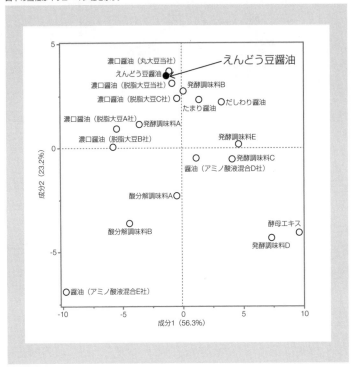

ており，えんどう豆醤油が濃口醤油に近い呈味特性を有することが客観的に示された。呈味特性が近いことにより，濃口醤油に置き換えて無理なく使用できることが期待される。

えんどう豆醤油の呈味特性が濃口醤油に近い一因として，原料のタンパク質／糖質の比率が近いことが挙げられる（[図4-6]）[24]。えんど

[図4-6] 原料の栄養成分の比較

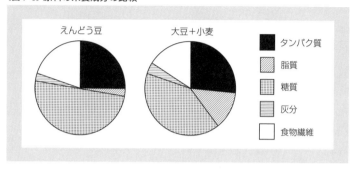

えんどう豆　　　大豆+小麦

- タンパク質
- 脂質
- 糖質
- 灰分
- 食物繊維

う豆のタンパク質は約22％で，大豆（約34％）と比較すると少ないが，一般的な濃口醤油の原料配合比で大豆と小麦を混合した場合のタンパク質量に近い。また，一般的な成熟大豆にデンプンはほとんど含まれていないが，えんどう豆にはデンプンが含まれており[25]，濃口醤油の原料配合比で大豆と小麦を混合した場合の糖質量に近い。このため小麦に代わる糖質原料を用いなくても，発酵後にタンパク質から生じたアミノ酸やペプチド，糖質（デンプン）から生じたグルコースの含有量バランスが近くなったと推察され，さらにこのことによって，乳酸菌や酵母の発酵状態や，アミノカルボニル反応により生じる着色成分や香気成分も近くなったと考えられる。

　これに加えて筆者らは，食品メタボローム解析の手法でえんどう豆醤油に含まれるさまざまな成分を網羅的に分析し，成分的な側面から他の醤油や調味料との比較考察も行っているが，紙面の関係で省略する。詳細は報文[26][27]を参照されたい。

　これまで述べたように，えんどう豆を用いて濃口醤油と同様に製麴・

仕込を行うことで，大豆・小麦を全く用いなくとも濃口醤油に近い呈味特性と成分構成を有する醤油風調味料を得ることができた。本研究結果を活用した商品（商品名「えんどうまめしょうゆ」）は2016年から販売され，アレルギー等の理由により大豆・小麦を原料とした食品を摂取できない方の食生活にも醤油のおいしさを提供することができたと考えている。

5　　　おわりに

「1 醤油の歴史」の項で述べたとおり世界に広まった日本式醤油は，和食文化を支え，世界に誇れる存在である。伝統的調味料であるがゆえに世間では技術革新のイメージが薄いが，研究開発からのイノベーションによって，醤油がさらに多くの人から愛される調味料になるよう願っている。

付記
　本章は筆者が執筆した既刊の原稿（下記）を一部再編集したものである。併せて参照されたい。
1, 2　食と微生物の事典, No.1-15「醤油の歴史と製法」, 28-29, 朝倉書店, (2017)
3　化学と生物,「テクノロジーイノベーション　醸造技術の革新による血圧降下ペプチド高含有醤油の開発」, 56, 445-449, (2018)
4　醤油の研究と技術,「えんどう豆を用いたしょうゆ風調味料の開発」, 46, 79-86, (2020)

引用文献

[1]───坂口謹一郎：世界, 252-266, 岩波書店, (1979)

[2]───茂木孝也, 松若昭夫：日本醤油研究所雑誌, 22, 1-12, (1996)

[3]───川田正夫：日本の醤油, 35-111.三水社, (1991)

[4]───栃倉辰六郎：醤油の科学と技術, 45-243, 財団法人日本醸造協会, (1998)

[5]───日本高血圧学会高血圧治療ガイドライン作成委員会編：高血圧治療ガイドライン 2009, ライフサイエンス出版, (2009).

[6]───厚生労働省：平成18年国民健康・栄養調査報告, (2009)

[7]───松井利郎：バイオサイエンスとインダストリー, 60, 665, (2002)

[8]───齋藤忠夫：機能性ペプチドの最新応用技術, 57, シーエムシー出版, (2009)

[9]───中台忠信：日本醤油研究所雑誌, 11, 67, (1985).

[10]───S. Oka, K. Nagata：Agric. Biol. Chem., 38, 1185, (1974)

[11]───T. Nakahara, H. Yamaguchi, R. Uchida：J. Biosci. Bioeng., 113, 355, (2012)

[12]───T. Nakahara, A. Sano, H. Yamaguchi, K. Sugimoto, H. Chikata, E. Kinoshita, R. Uchida：J. Agric. Food Chem., 58, 821 (2010), Erratum in：J. Agric. Food Chem., 58, 5858 (2010)

[13]───内田理一郎, 仲原丈晴, 花田洋一, 福原育夫, 竹原功, 矢野夕幾：薬理と治療, 36, 837, (2008), 訂正　薬理と治療, 39, 1063, (2011)

[14]───健康日本21企画討論会：計画算定検討会報告書「健康日本21」(21世紀における国民健康づくり運動について), (2000).

[15]───日本小児アレルギー学会食物アレルギー委員会：食物アレルギー診療ガイドライン2016(2018改訂版), 協和企画, (2018)

[16]───小川正：総合福祉科学研究, 1, 77, (2010)

[17]───橋本裕一郎, 古林万木夫, 谷内昇一郎, 田辺創一：醤油の研究と技術, 30, 213, (2004)

[18]───小川正：食品工業, 45, 32, (2002)

[19]───真岸範浩, 結川直哉, 古林万木夫, 谷内昇一郎：醤油の研究と技術, 44, 45 (2018)

[20]───「食物アレルギーの栄養食事指導の手引き2017」検討委員会：食物アレルギー研　究　会HP：https://www.foodallergy.jp/wp-content/themes/foodallergy/pdf/nutritionalmanual2017.pdf

[21]───財団法人日本豆類協会編：新豆類百科, 36, (2015)

[22]───消費者庁：平成22年9月10日通知, 消食表第286号, (2010)

[23]───都甲潔：醤油の研究と技術, 43, 305, (2017)

[24]───農林水産省：食品成分データベース：https://fooddb.mext.go.jp/index.pl

[25]━━━多田稔：澱粉工業学会誌, 15, 1, (1967)
[26]━━━仲原丈晴, 志賀一樹, 山崎達也, 梅澤洋貴：醤油の研究と技術, 46, 79-86, (2020)
[27]━━━T. Yamana, M. Taniguchi, T. Nakahara, Y. Ito, N. Okochi, S. P. Putri, E. Fukusaki：Metabolites, 10, 137, (2020)

第5章

ビール製造と微生物管理
—汚染菌検査技術と生産現場の微生物管理が可能にした日本の生ビール—

アサヒクオリティーアンドイノベーションズ株式会社

鈴木康司

1   はじめに

　ビールは最も歴史の古い飲料の一つであり，その発祥は諸説あるが，紀元前3,500年頃のメソポタニアでビールが造られていたことは考古学的に確認されている[3]。その後，古代エジプト，近東諸国，欧州諸国にも伝播したものと考えられる。古代メソポタミアおよびエジプトでは，ビールは食中毒の発生しない飲料水として，一般庶民を含め日常的に飲まれていた。毎日1～3Lも飲んでいたという説もある。当時のビールは，アルコール分4％程度の麦芽発酵飲料であったと推測されており，黒ビールや褐色ビール，白ビール，甘口ビールなど，現代にも通じるバラエティー豊かなビールが既に造られていたというから驚きである[4]。また，古代メソポタミアおよびエジプトにおいて，収穫される穀物の約40％がビール造りの原料に使用されていたと伝えられており，ヨーロッパでは紅茶やコーヒーが普及する中世まで，食中毒の発生しない安全・安心な飲料水として愛飲されてきたのである。まだ科学という概念が存在しなかった5,000年以上前から，人類は経験から学び善玉微生物（酵母）の力を活用し，悪玉微生物を退けてきた事は，非常に興味深い。本稿では，ビール原料や醸造法に触れつつ，善玉微生物と悪玉微生物に主な焦点をあて，ビール製造を紐解いていきたい。

2   主なビールの原料

● ── 1 麦芽

　麦を発芽させて，アミラーゼやプロテアーゼなど分解酵素を誘導さ
せ，乾燥させたもの。デンプン質が豊富に含まれ酵素力が強い大麦
麦芽がビール造りには一般的に使用されるが，小麦麦芽を使用した
ビールもあり，中でもヴァイツェン・ビールは有名である[9]。麦を発芽
させて酵素を誘導するのは，ビール酵母が麦に含まれるデンプン質や
タンパク質をそのまま資化することができず，後のビール製造工程のた
め，麦芽の持つ分解酵素の力でマルトースやアミノ酸へと分解する必
要があるためである。また，麦芽を乾燥させる焙燥工程の温度を高く
することにより，濃色麦芽や黒麦芽ができる。黒ビールを始めとして，
様々な色調のビールができるのは，麦芽の色に起因するところが大き
い[5]。

● ── 2 ホップ

　ホップはアサ科のつる性の植物で，冷涼な地域でよく栽培される[6]。
中国語では「ビールの花（啤酒花）」と呼ばれる程ビールに特徴的な原料
であるが，古代から使われてきた訳ではなく，10世紀以降普及してき
た原料である。ビールは，アルコール濃度が比較的低い飲料であるた
め，食中毒菌の増殖は許容しないものの，かつては乳酸菌等の雑菌
による変敗が発生して酸っぱい漬物的な飲み物となってしまい，日持
ちのしない飲料であった。抗菌性のある様々なハーブが試されて十分
な効果がなかった中，ホップをビールに入れると飛躍的に日持ちするこ

とが見出され，現在ではほとんどのビールにホップが原料として加えられている[7]。ホップは，他にもビール特有の爽快な苦味や美しい泡の形成に役立つほか，最近ではビールの香り付けにも大きな役割を果たすようになり，シトラス香などのホップ香付与のため，様々なホップ品種が育種されるようになった。ちなみに，ホップの花言葉は「不公平」。ホップは雌雄異株で雌株だけがビール原料として栽培されるが，受粉してしまうとホップの品質が低下するため，雄株はホップ畑で見つかると邪魔者として引っこ抜かれてしまうのだとか。

● ─────── 3 　副原料

　麦芽以外の糖源として使用されることがあり，米やトウモロコシ（コーンスターチやコーングリッツ）などが一般的である。麦芽の使用比率が多いほどビールは重厚で飲みごたえのある味感が付与される一方，副原料を多く使用すると軽快でまろやかな味感を醸成できる。副原料およびその使用比率は，商品開発時に狙いとする香味品質設計を行う際，決められることが多い。

3 　　　　ビール製造工程

　以下，淡色ピルスナータイプのビール製造法を簡潔に記す。なお，ピルスナーは，19世紀中ごろチェコのピルゼン市で生まれた黄金色のビールで，現在では日本を含め世界で最も広く普及しているタイプのビールである[3] [4]。

●————1　仕込み工程

　酵母によるアルコール発酵を活発に進行させるための麦汁を造る工程。まず，麦芽に含まれるアミラーゼやプロテアーゼを活用し，麦芽や副原料に含まれるデンプン質とタンパク質を，ビール酵母が資化できるマルトースやアミノ酸に分解した麦汁を造る。この工程では，粉砕した麦芽と副原料をお湯に混ぜ，それぞれの酵素の活性が至適となるよう多段階の温度調節が行われる。次にホップが加えられ，煮沸することにより苦味質を麦汁中に溶出させた後，不要な析出物を除去して清澄化させる。その後，次の発酵工程のため，5〜6℃程度まで冷やす。アルコール5％のビールを製造するためには，エキス分11％程度の麦汁となるよう調製される。

●————2　発酵工程

　前述の麦汁にビール酵母を添加し，5〜10℃の低温下で7〜12日間程度かけてじっくり発酵する。現代では，発酵工程は数百kLスケールの屋外密閉型タンクで行われることが多い。この過程で，麦汁中のマルトースはアルコールと炭酸ガスへと代謝され，アミノ酸はビールらしい香味成分である高級アルコールやエステル類へと変換される。発酵工程が進行し糖分が消費されるに従い，発酵液の比重が低下してビール酵母の沈降が始まる。この時点の発酵液は若ビールと呼ばれ未熟な香気成分が含まれるため，若ビールは密閉型タンクに移されて熟成工程へと進む。

●————3　熟成工程（貯酒工程）

　ビール酵母を含んだ若ビールを約0℃まで冷やし込み，じっくり熟

成する。熟成工程で発生した炭酸ガスはビールに溶け込んで発泡性を与え，若ビールに含まれるジアセチルや硫化水素などの未熟臭はビール酵母が代謝して取り除かれる。伝統的な製法では数十日間かけて熟成工程を進める。このように長期間の熟成を行うことにより，適度な炭酸ガスを含み調和のとれた香味のビールができる。熟成が完了したビールは，珪藻土濾過など複数段階からなる濾過工程によりビール酵母等が取り除かれ，瓶，缶，樽などの容器に充填され，製品化される。

4   ビール酵母

●————1　ビール酵母研究の歴史

　人類が微生物の存在を初めて認識したのは17世紀後半であり，高倍率顕微鏡の発明で著名なレーベンフックが発酵中のビールに浮遊する酵母をスケッチして，1680年にanimalcule（生命を宿した小球体）としてRoyal Society of London[(1)]に報告したのが最初であったとされる[2]。しかしながら，肉眼で観察できない微生物の存在は当時なかなか受け入れられなかった。生命体としての微生物の存在を1861年に科学

脚注
(1)————1660年にロンドンで結成された自然科学に関わるロンドン王立学会。結成以来現在まで続いており，世界最古の学会とされる。

的に実証したのは，微生物学の父・パスツールであった。また，ビールなどのアルコール飲料の発酵で，アルコールを生成する発酵原本体が酵母であることを初めて示したのもパスツールである。実際に，フランスにあるパスツール研究所内の博物館を訪れると，パスツールが1871年から1876年の間にビールの研究に熱心に携わっていたことを示す展示物が置かれている。パスツールをビールの研究に打ち込ませたのは，1870年に勃発した普仏戦争であった。1871年，祖国フランスがドイツに敗戦したことを契機に，愛国心の強かったパスツールは科学の力でドイツを打ち負かしたいと考え，ドイツが誇るビール造りの分野でドイツ産より美味しいフランス産ビールを産み出すことを目指したのである。その第一歩として，イギリスの醸造所を1871年に訪れたパスツールは，工場で生産するビールのおよそ20％が出荷前に変敗して飲めなくなることを知った。顕微鏡で検査をしてみると，変敗したビールには酵母以外の雑菌の汚染が認められた。これらの知見から，美味しいビールを造る秘訣は，ビール酵母を雑菌から守り，発酵・熟成工程における微生物汚染を防ぐことであると考えた[1]。パスツールは顕微鏡観察による発酵管理を推奨し，現在のビール工場における品質管理手法の礎を築いた。また，このビール製造に関わる思想に影響を受けたハンセンは，1883年にビール酵母の純粋培養法(2)を確立し，ビールの香味品質の向上に貢献した。現在世界でもっとも広く使

脚注

(2)————寒天培地などを用いて，単一の種類の菌や藻類を夾雑する他の微生物と分離して培養することをいう。

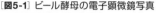

[図5-1] ビール酵母の電子顕微鏡写真

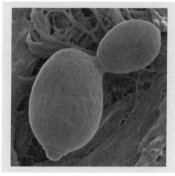

われているビール酵母の学名が，パスツールの名を冠して
*Saccharomyces pastorianus*と呼ばれるのも，これらの業績が所以であろう。

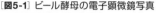

● ──── 2　ビール酵母の分類

　ビール酵母は，出芽により増殖する大きさ 5 〜 10 μ m程度の卵形
の酵母である［図5-1］。ビール酵母には，上面発酵酵母と下面発酵酵
母があり，いずれも発酵が盛んなときは発酵液中に分散しているが，
発酵終了が近づくと上面発酵酵母は炭酸ガスなどから形成される泡と
一緒に液面に浮き上がり，下面発酵酵母は酵母細胞同士が凝集して
発酵タンクの底に沈降する[3]。上面発酵酵母と下面発酵酵母は分類
学的にも菌種が異なることが知られており，上面発酵酵母の学名は
Saccharomyces cerevisiae，下面発酵酵母は前述した*Saccharomyces
pastorianus*である[8]。上面発酵酵母である*Saccharomyces cerevisiae*は，ワ
インや清酒，ウイスキーや焼酎，さらにはパンの発酵にも使用される

もっとも主要なアルコール発酵性酵母である。ちなみに、“cerevisiae”はラテン語でビールを意味し、学名を和訳すると「糖を醸してビールを造る微生物」となる。これが有用微生物の代表と言ってもよいアルコール発酵性酵母の名称となっていることは興味深い事実である。これは、かつてレーベンフックが描き残した最古の微生物スケッチが、ビール酵母であったことと関係があるのかもしれない。

a　下面発酵酵母

　現在世界の主流である下面発酵酵母がビール醸造に使われるようになったのは、15世紀以降の南ドイツ・バイエルン地方であったと言われている[4]。下面発酵ビールは、前述の通り低温でじっくり発酵・熟成させるのが特徴であるが、当時は冬の寒気を利用して低温で発酵を行い、天然氷を詰めた貯蔵庫で夏まで熟成させる方式をとっていた。この過程で、低温での生育性が良好な下面発酵酵母が選択されてきたと考えられている。また、このビールが現在濃色ビールとして知られるミュンヘンビール（ミュンヒナー）の起源となっている。一方、世界でもっとも広く飲まれているピルスナービールは、19世紀中ごろチェコのピルゼン市で生まれた。当初ピルゼンでは、バイエルン地方で造られる濃色で重厚なビールを目指し、ドイツから取り寄せた下面発酵酵母を使って試験醸造を行ったが、淡色ビールしかできなかったという。バイエルン地方とピルゼン市の水質の違いが原因であったと言われるが、輝くばかりの黄金色とホップ由来の爽快な香りを持つピルスナービールのほうが、結果としてビール好きの人々に好まれ世界に普及することとなった。一時は、世界で飲まれるビールのうち、95％以上がピルスナータイプのビールであると言われるほど世界を席巻したのである。

現在，日本や米国でもっとも広く飲まれている淡色ビールは，基本的にピルスナータイプのビールに属す。また，世界で使用されている下面発酵酵母の多くが，19世紀末にデンマークのカールスベルグ醸造所で分離された1つの酵母株が源流になっているという報告がある[4]。ビール各社は，それぞれのノウハウで下面発酵酵母の育種・選抜を重ね，下面発酵ビール特有のキレのある爽やかな喉越しを活かしながら，個性のあるビール商品の開発に繋げてきた。なお，下面発酵酵母の特色である凝集沈降性や香気制御に関わる遺伝学的・生化学的研究には，日本の研究者が多くの貢献をしている。善本ら[8]の良書にこれら研究成果がよく纏められているため，参考にしてほしい。

b　上面発酵酵母と上面発酵ビール

　上面発酵酵母で醸造したビールは，豊かな味わいと，フルーティーやフローラルと表現されるエステル香を特徴とする[9]。伝統的な上面発酵では，発酵温度が15〜20℃前後と高く，発酵期間は10日前後で長期低温の熟成工程は一般的にはない。上面発酵ビールは個性豊かで，世界でもバラエティーに富んだ上面発酵ビールが造られている。特に有名なのは，イギリスのエールであり，中でも淡色系のペールエールがよく飲まれる。近年の地ビール，クラフトビールブームにおいては，ホップをふんだんに使用したインディアンペールエールが重厚な味わいと独特のホップ香でその人気を高めている。これは，17世紀以降イギリスの植民地となったインドに船便でペールエールを運ぶ際に，アフリカ周りで2度も赤道を越えるため，微生物変敗しないよう高アルコールにして，防腐効果を高めるため抗菌性を持つホップを多量に使用したことに由来する。一方，濃色麦芽を使い，飲みごたえのしっかり

した上面発酵ビールも人気である。特に有名なのはスタウトであり、発酵終了後にさらに糖分を加え二次発酵させることによりアルコール分を高め、その飲み応えを強めたものが多い。香ばしいナッツやチョコレート、コーヒーのような香りを特徴とするアイルランドのギネススタウトが代表である。ちなみに、日本の酒税法では、スタウトは必ずしも上面発酵ビールである必要はなく、下面発酵酵母を使って醸造することも可能である。さらに、上面発酵ビールの中には、前述した小麦ビールも含まれる。例えば、ベルギー発祥のベルジャン・ホワイトは、コリアンダーとオレンジピールに由来する華やかな香りと柔らかな酸味が特徴であり、ビールが苦手という方にも受け入れられやすい。また、前述したドイツ発祥のヴァイツェンも小麦ビールの1つであり、その特徴としては、バナナやクローブを思わせるエステル香と小麦由来の緩やかな酸味があげられ、苦味が穏やかでホップが苦手な人も飲みやすい。また、自然発酵で醸造されるランビックも上面発酵ビールに分類されることが多い。ランビックは、ブリュッセル地方で造られるベルギーを代表するビールの1つであり、大麦麦芽のほかに小麦麦芽も使用され、わざわざ熟成した古いホップを使う。また、ランビックは純粋培養したビール酵母を用いず、醸造場の空気中に浮遊する酵母や乳酸菌で1 ～ 3年自然発酵してできるビールであり、特有の香りと強い酸味が特徴である。ランビックにサクランボを加え、瓶内で二次発酵させてできあがる赤味を帯びた色調のクリークもよく知られている。以上のように、上面発酵ビールは個性派が多く、現在人気の地ビールやクラフトブルワリーに行くと楽しむことができる[3][9]。

　代表的な下面発酵ビールと上面発酵ビールを[**表5-1**]に纏めた。

[表5-1] ビールの分類

ビール酵母の種類	色調／原料	ビールのタイプ（発祥地）
下面発酵酵母 (*Saccharomyces pastorianus*)	淡色ビール	ピルスナー（チェコ）
		ドルトムンダー（ドイツ）
	中濃色ビール	ウィーナー（オーストリア）
	濃色ビール	ミュンヒナー（ドイツ）
上面発酵酵母 (*Saccharomyces cerevisiae*)	淡色ビール	ペールエール（イギリス）
	濃色ビール	スタウト（イギリス）
		ポーター（イギリス）
		ランビック（ベルギー）
		トラピスト（ベルギー）
	小麦ビール	ヴァイツェン（ドイツ）
		ベルジャン・ホワイト（ベルギー）

5　　ビール混濁性微生物

●───1　ビール混濁性微生物研究の歴史

　ビールはアルコールを含むこと，栄養成分が少ないこと，pHが低いこと，酸素をほとんど含まない嫌気状態であることに加え，天然抗菌物質であるホップ由来成分を含むことなどの理由から，微生物による変敗を受けにくい飲料である[7]。実際にビールに生育し変敗させる微生物菌種は限られており，自然界に存在する通常の微生物をビールに植菌しても，生育することは稀である。しかしながら，衛生管理が不十分なビール工場でビールを製造すると，頻繁にビールが変敗することとなる。腐りにくいはずなのに実際に造ると腐ってしまう，一見矛盾するような現象であるが，この理由については後述したい。ちなみに，ビールを変敗させる微生物は，英語では"beer spoilage microorganisms"というが，日本語には定訳がない。ビール腐敗微生

物，ビール変敗微生物，ビール有害微生物と記載される文献もあるが，いずれも響きがよくないと醸造関係者から嫌われることが多いのが理由の1つかと思われる。本稿では，これら微生物が生育したビールは白濁することが多いため，ビール混濁性微生物と記述することとする。

　ビール混濁性微生物を発見したのは前述したパスツールであった。1876年に発行された「ビールの研究」には，1871年から1872年にパスツール自らが描いたビール混濁性微生物の顕微鏡観察スケッチが残されている[1]。非常に精緻で正確に混濁性微生物が描かれていることに感銘を受けるが，パスツールは子供の頃から絵画が上手で，周りからは将来画家になるのではないかと言われていた事が伝えられている。先述したように，科学の力で美味しいフランス産ビールを造ることを目指した研究の過程で，欧州各地から銘醸品と言われるビールを集めたところ，ほぼ全てが腐り落ちてしまうという現象が見出された。そこでパスツールは，出荷後の製品ビールの変敗を防ぐため，容器充填後のビールを50〜60℃に保持して加熱処理することにより，ビールの変敗を防止できることを実証した。加熱殺菌技術の開発により，ビールの日持ちは劇的に改善し，世界のどこでも美味しいビールが楽しめるようになったのである。この加熱殺菌法は近代ビール三大発明の1つで，同氏の名にちなんで"pasteurization"と呼ばれ，加熱殺菌強度を示す単位はPU(pasteurization units)で表記される。なお，1PUは60℃で1分間の加熱殺菌処理に相当し，世界のビール産業では10〜30PU程度に相当する加熱殺菌を行った上でビール製品を出荷するのが現在でも一般的である。

　1892年にはvan Laerにより，パスツールのスケッチに描かれた桿菌状のビール混濁性微生物が分離培養され，ビール醸造科学を開拓したパスツールの名を冠して*Lactobacillus pastorianus*と命名された。

*Lactobacillus pastorianus*は，世界で最初に分離培養に成功したビール混濁性*Lactobacillus*属乳酸菌[3]として知られている。現在，ビール混濁性微生物は，*Lactobacillus*属が圧倒的に多く，欧州の統計では毎年60〜90％の微生物品質事故が同属によって発生するという。他にも*Pediococcus*属（乳酸球菌）や*Pectinatus*属，*Megasphaera*属などの細菌や野生酵母である*Saccharomyces*属，*Dekkera*属などがビール混濁性微生物として知られている。分子生物学の進展により1990年以降には新菌種が続々と発見され，現在は20〜30菌種程度がビール混濁性微生物として認知されるようになった。

◉────2　日本が誇る生ビールの安定製造技術

　欧米を始めとする世界各国では，前述した通りビールの熱殺菌法である"pasteurization"が広く普及し，微生物による製品品質事故は激減した。そのため，現在でも熱殺菌ビールが世界のスタンダードである。これとは対照的に，日本では熱殺菌処理を製品に施さない生ビール[4]が1980年代後半以降急速に市場拡大し，その後わずか10年で市場に流通するほぼ全てのビールが生ビールとなった［**図5-2**］。消費者の中には，生ビールは居酒屋さんで提供されるジョッキ入り樽生

脚注

(3)───── *Lactobacillus*属は2020年，25属に再分類された。しかしながら，ビール醸造微生物学分野では，*Lactobacillus*属と記載したほうが馴染みがあり，過去の研究文献とも整合性がとりやすいため，本稿では旧称である*Lactobacillus*属で統一して表記している。

(4)───── 1979年に定められた「ビールの表示に関する公正競争規約」によって熱処理（パストリゼーション）しないビールのことを指す。生ビールは日本独特の呼称で，国外ではunpasteurized beerなどとされる。

［図5-2］日本における生ビール市場の急速拡大

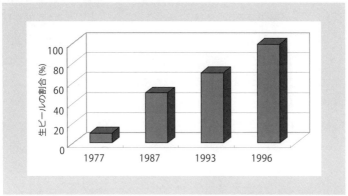

出典：鈴木康司，篠原雄治，ヨハネスクルニアワン 「生ビール製造における微生物検査技術の進展」
日本食品科学工学会誌 67, 411-423, 2020.

ビールのことであると誤解される方もいらっしゃるが，日本においては
瓶や缶容器で販売されているものもほぼ全てが生ビールである。日本
のビール市場で生ビールが急速に市場拡大した理由は，加熱殺菌履
歴のないが故に，造り立ての新鮮な香味が保たれた生ビールを味わえ
ることが消費者に受け入れられたからであろう。ちなみに，ウイスキー
や焼酎の発酵温度はアルコール発酵の効率を重視して25 〜 30℃程
度である。一方，下面発酵ビールは10℃以下で時間をかけて発酵を
行い0℃付近で長期低温熟成を行う。折角じっくり低温発酵・熟成
させたビールの繊細な味わいを加熱殺菌で変質させたくないという日
本の醸造技術者の強い意欲もあったと考えられる。

　しかしながら，日本のビールメーカーにとっては，生ビール市場の急
速拡大は決して平坦な道ではなかった。事実，生ビール市場が急速

拡大をしていた1980年代後半から1990年代前半において，微生物品質トラブルが発生するようになり，製品回収事例も起こるようになったのである。しかしながら，日本ではこれら微生物品質トラブルを背景として，精力的に微生物検査技術の開発が進められ，1990年代後半以降の25年以上にわたる期間，生ビールにおける微生物品質事故は国内で発生することがなくなった。ある推計によると，欧州における清涼飲料・アルコール飲料業界では，ほぼ全て熱殺菌を施しているにも拘わらず，毎年数億から数百億円の経済的損失が微生物による品質トラブルで発生するそうである。このことから考えても，日本で確立された生ビールの安定製造技術は，世界に誇れる技術体系であると言ってよい。本稿では，この生ビール安定製造技術の実現を下支えした日本の微生物検査技術について，以下記述したい。

●———3　微生物検査培地の開発

　ビールの微生物検査は，100mL程度のビールをメンブランフィルターで濾過し，メンブランフィルターを寒天培地表面に貼付した後，適切な条件で培養することでフィルターに捕捉されたビール混濁性微生物をコロニーとして検出することが一般的である［図5-3］。

　しかしながら，品質事故を引き起こすビール混濁性微生物において最も主要な*Lactobacillus*属および*Pediococcus*属からなる乳酸菌は，難培養型[5]のものが多く，ビール工場の品質検査で使用されている検査培地では検出できないものが多かった。このため，世界においても，品

脚注

(5)———本稿では，ビールの品質管理に用いられる検査培地で増殖性を示さず，その結果として肉眼で検出可能なコロニー形成能を保有しない微生物を難培養型微生物と定義する。

[図5-3] ビールの微生物検査

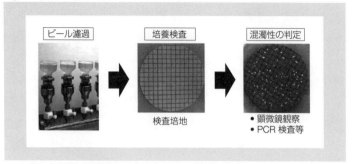

出典：鈴木康司, 篠原雄治, ヨハネスクルニアワン 「生ビール製造における微生物検査技術の進展」
日本食品科学工学会誌 67, 411-423, 2020.

質検査培地でその存在が検出されることがないまま, 微生物品質トラブルに遭遇する事例は多い。中でも, *Pediococcus*属は, パスツールの時代からジアセチル産生による耐え難い冷飯臭を発生させることで恐れられてきたが, 検査培地で生育せず検出できないビール混濁性株も多かった。この問題に最初にメスを入れたのは, 1960年代に日本で開発された中川培地であった。中川培地は, メバロン酸などビール混濁性*Pediococcus*属の生育を助長する因子が添加された検査培地で, 従来検査培地では対応できなかった*Pediococcus*属の検出を可能とした。1990年には, 田口, 大河内らによりKOT（Kirin-Ohkochi-Taguchi）培地が開発され, ビール混濁性*Pediococcus*属検査の迅速化が進んだ。一方, 1990年代以降になると, *Lactobacillus*属による品質トラブル事例の比率が圧倒的に高まった。ビール混濁性*Lactobacillus*属にも品質検査培地で生育しない難培養型の菌株が多く, 難培養型の*Lactobacillus*属および*Pediococcus*属を検出するために開発された検査培地がABD

(Advanced Beer-spoiler Detection)培地であった。ABD培地開発の過程で、ビール混濁性乳酸菌が、ビール製造環境に極度の適応馴化をしたが故に、ビール成分に生育依存性を示すこと、ビールに近い低pH域を好むこと等々、様々理由で従来の検査培地に生育しないことが明らかとなってきた。また、これまでの検査培地は、微生物の生育を促進するため種々の栄養成分が豊富に添加されてきたが、ビール製造環境に極度に順応した混濁性乳酸菌においては、逆にこれら栄養成分によって生育が阻害されることがあるという興味深い知見も得られた。以上のような日本における品質検査培地開発のノウハウが活かされ、生ビールの安定製造に寄与する網羅的なビール混濁性微生物検出体制が整うようになったのである。なお、余談であるが、1950年以降極度の難培養性が故に発見事例が途絶えていた*Lactobacillus pastorianus*（van Laer 1892）は、ABD培地により数多く発見されるようになった。現在、パスツールの名を冠した*Lactobacillus pastorianus*は、筆者らが命名した*Lactobacillus paracollinoides*と同一菌種であった事が国際的にも認められ、*Lactobacillus paracollinoides*が正式な菌種名として認知されている。

4 ビール混濁性判定法の開発

　ビールの微生物検査においては、検査培地で微生物を検出した場合、検出菌がビール混濁性を示すか否かを迅速に判定する必要がある。これは、本節の冒頭に述べたように、自然界に棲息する微生物の大多数がビールに生育せず、たとえ混入しても無害であるからだ。ビールにおける品質事故の主要原因菌は、前述した通り数少ない特定菌種に属する乳酸菌である。ビール混濁性乳酸菌は、ビール中の天然

[図5-4] 異菌種間におけるホップ耐性遺伝子の水平伝播

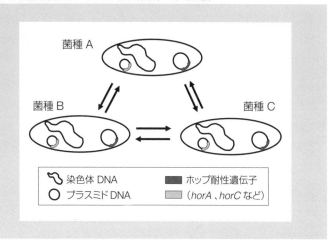

抗菌物質であるホップ成分に対して耐性を示し，300種以上知られる乳酸菌の中でも菌種が限定されるため，従来ビール産業では菌種を同定して検出菌のビール混濁性を判定することが主流であった。しかしながら，かつては2 〜 3菌種とされたビール混濁性乳酸菌も1990年以降は新菌種が続々と出現し，既知のビール混濁性菌種にしか対応できない従来型のビール混濁性判定法では網羅的な検査が困難となった。このような背景の中，日本ではホップ耐性遺伝子 horA および horC が発見され，品質検査培地で検出された乳酸菌のビール混濁性判定に活用されるようになった。人など哺乳類の遺伝子は親から子へ，子から孫へと受け継がれる垂直伝播型なのに対し，ホップ耐性遺伝子 horA および horC は，異なる菌種間で授受される水平伝播型遺伝子

であることも示された［**図5-4**］。すなわち，ビールという本来微生物の生育を許容しない逆境的な環境で，*horA*および*horC*遺伝子を他のビール混濁性菌種から水平獲得することが，新ビール混濁性菌種が発生してくる一因であり，これらホップ耐性因子を遺伝子マーカーとすることにより，新菌種を含めたビール混濁性乳酸菌を一網打尽に検査できることが分かってきたのである。そのため，日本で誕生した菌種に依存しない新規遺伝子マーカー検査法は，続々と出現してくる新たなビール混濁性菌種の対抗手段の1つとし国際的に認められ，市販検査キットとして諸外国にも普及し定着している。

　以上の研究開発活動により，ビール混濁性乳酸菌は，ビール醸造にホップが使用されるようになった1000年ほど前から，ビールという他の競合微生物が生育できない極限環境を棲息地として選び進化してきた微生物群であることが分かってきた。実際に，異なるビール混濁性菌種間で，ホップ耐性遺伝子などビール製造環境で棲息するのに有利な遺伝子の水平伝播現象が相互に発生していることが明らかになっている。そのため，ビール混濁性乳酸菌は，ビール環境に共生し進化してきた蔵付き乳酸菌といってよい。そのため，厳格な微生物管理をしなければ，ビール工場はビール混濁性乳酸菌だらけとなるのである。ビールは一般環境で棲息する微生物に対しては耐久性が高く変敗しにくいが，実際にビール工場で製造してみるとビールは腐り日持ちしないと前述したパラドックスの解はここにある。従って，日本が世界に誇る生ビールの安定製造は，ビール混濁性微生物を漏れなく正確に検出できる微生物検査技術と，生産現場における弛まない混濁性微生物撲滅活動の両輪によって支えられているといってよい。なお，ビール混濁性微生物の研究に興味を持たれた読者は，拙著[7][10]を

参考にしてほしい。

6　おわりに

　科学の力で美味しいビールを造ることが醸造科学であるとすれば，パスツールはまさにその先駆者であった。パスツールが先導した顕微鏡を活用した工程管理や製品ビールの熱殺菌は，現在においても世界におけるビール製造技術のスタンダードであると言ってよい。かつては，「ビール工場の煙突が見える範囲内でしか美味しいビールは飲めない」とさえ言われるほどビールは日持ちしなかったが，醸造科学の進化により世界中どこでも美味しいビールが楽しめるようになった。もちろん，日本で世界に先駆けて確立された生ビール安定製造技術も，これら醸造科学の進展に負うところが大きい。ちなみに，パスツールにより1876年に出版された「ビールの研究」の中に，「人の疾病という現象は，ビールの病変同様，肉眼で見えない微生物の寄生・繁殖が原因であるに違いないという考えに取り付かれるようになった」と書き残されているのをご存知であろうか？　実際，ウイルスを含む微生物が感染を引き起こす病原体であると世界で初めて示唆したのは，パスツールであったと言われる。ビールの研究を終えたパスツールは次に医学の研究に没頭し，外科手術において手術患者の感染を防ぐ消毒技術の共同開発を行い，さらには弱毒化した微生物を接種することで免疫を得ることができることを発見してワクチン接種による予防医学を誕生させた。1887年には，同氏による狂犬病ワクチン開発の成功によって世界各国から集められた寄付金を基にパスツール研究所がフランスに創

設された。マラリア病原体やエイズウイルスの発見などで10名のノーベル賞受賞者を輩出するほど，同研究所が医学，ウイルス学，細菌学，公衆衛生などの分野で大きな貢献をしてきたことは周知の事実である。美味しいビールを造ろうとしたビール醸造科学の研究がヒントとなり，その後にパスツールが多くの生命を救ったことは特筆すべき事である。Innovations often come from the least expected places. 本稿は明治大学で開講されている発酵食品学の副読本として執筆した。大学生の皆さんが発酵食品学から多くのことを学び，世界を変革するような大きな研究成果に繋げられることを祈念している。

引用文献

[1]———Louis Pasteur：“ビールの研究（アサヒビール生活文化研究振興団訳）”，大阪大学出版会，1995(原著出版1876), pp. 1-33.
[2]———天羽幹夫：“新版・精説　応用微生物学”，光生館，1986, pp.1-14.
[3]———加藤茂美：“改訂　醸造学”，講談社，1993, pp.100-117.
[4]———大内弘造：“酒と酵母のはなし”，技報堂出版，1997, pp.143-158.
[5]———千葉一弘，寺村好司：“発酵と醸造（Ⅱ）”，光琳，2003, pp.227-273.
[6]———酒類総合研究所：“うまい酒の科学”，ソフトバンククリエイティブ，2007, pp.72-84.
[7]———鈴木康司：“発酵・醸造食品の最新技術と機能性Ⅱ”，シーエムシー出版，2011, pp.19-33.
[8]———善本裕之：“発酵と醸造のいろは”，エヌ・ティー・エス，2017, pp.161-169.
[9]———端田晶：“発酵と醸造のいろは”，エヌ・ティー・エス，2017, pp.170-172.
[10]———鈴木康司，篠原雄治，ヨハネスクルニアワン：“生ビール製造における微生物検査技術の進展”，日本食品科学工学会誌，2020, pp.411-423.

第6章
ワイン製造
—進化するワイン製造技術—

株式会社フード&ビバレッジ・トウキョウ
清水健一

現在栽培されているブドウの祖先は，人類誕生以前の新生代第3紀の始め（6000万年前）に出現したと推定されている。これを発酵させる酵母に関しては，真核生物[(1)]の誕生が約12 〜 17億年前なので，ブドウが出現した時には確実に存在したと考えられる。従って，地上に落下したブドウや潰れて出てきたブドウ果汁をこれらの酵母が発酵し，6000万年前には，すでに，自然にワインができていたものと考えられる。

　人為的にワインが造られた時期についてはまだ諸説あるが，世界最古のワインは，紀元前6000年ぐらいにグルジア（現，ジョージア）のコーカサス山脈から黒海にかけての地域で造られたとする説が最有力である。日本においては，三内丸山遺跡において，紀元前3000年頃（縄文時代）にヤマブドウ発酵の跡と考えられる遺跡が発見されており，これが日本最古のワイン造りといえるかもしれない。

　本章では，ワインの製造に関して基本的な知識を概観するとともに，近年急速に進歩しているワインの製造技術に関して解説を加える。

1　　ワインの製造方法

●———1　ブドウ，破砕，搾汁，アルコール発酵

　ビールや日本酒の造り方とワインの造り方の間には大きな違いがあ

脚注

(1)———真核生物：核膜に包まれた細胞核を持つ生物の総称。細胞は染色体を含む核質と細胞質からなる。

　　　　ヒト，動物，植物（藍藻を除く），カビ，酵母などが真核生物。細胞核を持たない。細菌などは原核生物と呼ばれる。

[図6-1] ワインの製造工程

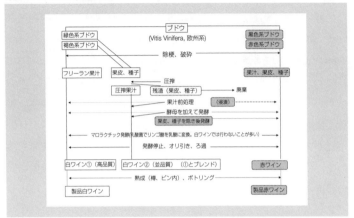

「ワインの秘密」（株式会社PHP研究所）をもとに作成

る。前者では，大麦，米などのデンプン質を原料とするので，酵母が発酵できるようにデンプン質をブドウ糖や麦芽糖に分解する（糖化する）必要があるのに対して，ワインにおいては原料であるブドウの中に，すでに，ブドウ糖，果糖が存在するので，糖化工程が不要である。

　ちなみに，デンプン質を糖化するには，欧米の場合，麦芽（モルト，発芽している大麦），日本を含むアジアの場合にはコウジカビの生成するアミラーゼを利用して，デンプンをブドウ糖か麦芽糖に変換する。

　[図6-1]にワインの製造工程を示した。原料のブドウは，白ワインでは，緑色または褐色のブドウを用い，赤ワインでは赤色または黒色のブドウ品種を用いる（褐色のブドウは世界的にあまり多くなく，ピノグリ，ゲブルツトラミナー，甲州，セレサなど少数の品種が挙げられるのみである）。

　発酵（酵母によるアルコール発酵）に関しては，大雑把に言えば，白ワイ

ンは，ブドウ破砕，除梗（茎を除くこと）後，果皮と種子を除き，果汁のみを発酵させる（果汁は破砕後自然に流出するフリーラン果汁と残りのブドウを搾汁機にかけて圧搾して得られる圧搾果汁，またはプレスラン果汁と呼ばれる果汁を分けて発酵させるのが通常である。品質はフリーラン果汁由来のワインの方が良好なので，圧搾果汁からのワインは，比較的，安価なワインの原料となる場合が多い）のに対し，赤ワイン，ロゼワインでは，果皮，種子を除かず，果汁，果皮，種子の共存のもとに発酵させる（醸し発酵。マセレーション）のが通常である。ロゼワインでは，短期間の発酵の後，果皮と種子を除いて，果汁のみで発酵させるのに対して，赤ワインでは比較的長期間の発酵の後，果皮，種子を除いて，果汁のみで後発酵を行う。赤，ロゼワインの赤色，ピンク色は，醸し発酵中に果皮から溶出するアントシアニンに，赤ワインの渋みは果皮や種子から溶け出した，タンニン[2]（特にプロアントシアニジン）に起因する。

　赤ワインのタンニンに関しては，極力，果皮由来のタンニンを優先的に抽出するのが重要なことが，最近，明らかになってきている。そのための対策は後述するが，赤ワイン後発酵の速度が遅くなると，種子タンニンの割合が増える傾向がある。種子は周囲が脂質に覆われているため，低アルコールでは種子からタンニンがあまり抽出されないが，後発酵後期の比較的アルコールが高い環境では，種子からの抽

脚注

(2)──── タンニン：ポリフェノールの一種でカテキンなどが重合したもので，加水分解型
　　　　タンニンと縮合型タンニンに分けられる。縮合型タンニンは赤ワインの渋み成分
　　　　として重要なばかりではなく，赤ワインの赤色成分であるアントシアニンを安定
　　　　化することが知られている。

出量が増えるのがその理由である。赤ワインでは，後発酵の発酵速度が速いワイン酵母を使用することが重要である。

　白ワインでも一部は，果皮からのアロマ成分[3]を増強するために，低温で短期間，果皮，種子を共存させ（発酵は起こさせない）た後，果汁のみで発酵させる方法が行われることがある（スキンコンタクトまたはマセラシオン・リミテと呼ばれる）。特に，アロマの主成分がモノテルペン系のブドウでは，この方法は有効である。

　ワインのアルコール発酵を担う酵母は*Saccharomyces cerevisiae*の下面発酵酵母が大半である（酵母の分類はめまぐるしく変わるので，ここでは，*Sacchromyces bayanus*も*cerevisiae*と同種とした）。詳細は後述する。

　アルコール発酵に用いる容器はステンレスタンクが主流であるが，高級赤ワインでは，樽内で発酵する樽発酵も増加している。特に，ボルドー，ブルゴーニュの高級シャトー，ワイナリーはトロンセと呼ばれる高価な樫樽の新樽を使うことが多い。

　アルコール発酵の停止は通常亜硫酸添加による酵母の殺菌によって行う（他に遠心分離，-10℃ぐらいまでの冷却，二酸化炭素で7気圧以上の圧力にするなどの方法もある）が，次項で述べるマロラクチック発酵を行う場合は，乳酸菌が亜硫酸に弱いために，亜硫酸添加を行わずに，マロラクチック発酵に移行する。

脚注

(3)――――アロマ成分：ワインの香りは葡萄に由来する香り（第一アロマ），発酵段階で生成する香り（第二アロマ）（これらを総称してアロマと呼ぶ），熟成段階で生成する香り(ブーケ)に分類される。

ワインのアルコール度は特殊な場合を除いて，11－15V/V%であるが，近年，14V/V%以上のものが増加している。13.5V/V%を超えるとワインのアロマ，ブーケをマスキングすることがあるので，あまり高いアルコール度は避けるべきと考える。

2　マロラクチック発酵（MLF）

アルコール発酵終了時点のワイン中の有機酸は，主としてブドウから移行した酒石酸とリンゴ酸である。赤ワインにおいては，ワイン中のタンニンとリンゴ酸の相性が良くないことから，アルコール発酵終了後，乳酸菌によって，リンゴ酸を乳酸に変えるマロラクチック発酵を行うのが通常である。乳酸菌は，ブドウ果皮から由来する天然の乳酸菌を加温して活性化する方法と，優良な乳酸菌を添加する方法のどちらかが行われている（最近では，MLFスターターと呼ばれる優良乳酸菌の添加が主流）。

前者の場合はマロラクチック発酵に関与する乳酸菌が不良の場合があり，ダイアセチルなどを生成してワインの香りを損ねるリスクがある。白ワインの場合も，樽熟成を行う場合は，樽中のタンニンとの調和のためにマロラクチック発酵が行われる場合がある（この場合，すべてのリンゴ酸を乳酸に変えるケースと一部のみを変換するケースの両者が存在する）。

マロラクチック発酵の停止は，リンゴ酸から乳酸への転換率が目標に達した段階で，亜硫酸を添加して行う。

3　熟成

その後，ワインは，オリ引き，オリ下げ(特に赤ワインでは，卵白，ゼラチンなどでタンニン含量，組成の調整を行う場合が多い)，タンパク質安定化のた

[表6-1] ワイン熟成のための条件

＊温度：20℃以下が望ましい（理想は13℃）

＊pH：低い方が良い
 （熟成は良い意味での酸化であるが、一般的な酸化はpHが高いほど速い）

＊（赤）タンニン含量が高いこと
 （白）有機酸含量がある程度以上

＊原料ブドウの水分含量が低いこと（→糖、タンニン、有機酸含量が高い）

＊光が当たらないこと（活性酸素の中のFree Radicalによる酸化を防止）

＊適度な酸素供給が必要（白は30mL/L、赤は50-100mL/Lの酸素消費量が熟成には
 理想的。常温での飽和酸素量は約6mL/L）
 →最も適度に酸素供給できる容器が樫樽

＊ワインはビンに詰めた後（コルク栓であれば）まだ熟成（還元的熟成）が進むが、
 蒸留酒、シェリー、ポートなどでは、ビン詰め後の熟成はあまりない。

めのベントナイト[(4)]処理（白ワインの場合）などを経て，熟成工程（[表6-1] および [表6-2] 参照）に移される。ワインの熟成工程は大別して，樽やタンク内で行う好気的熟成と，ビン内で行う嫌気的熟成に分けられる。大雑把に言うと，赤ワインでは好気的熟成（特に樽中）の後にビン熟成を行うが，白ワインでは特殊な例（ボディーのあるシャルドネ，ソービニヨン・ブランなどは樽熟成をするケースが増えてきている）を除いて，ビンまたはタンク内での熟成のみか，タンク内で熟成後，ビン内熟成を行う場合が多い。

脚注

(4)——— ベントナイト：粘土鉱物であるモンモリロナイトを主成分とする岩石。
　　　　　白ワインでは，時として瓶詰め後にタンパク質由来の濁りが発生することがある
　　　　　（赤ワインでは，タンパク質が一部，タンニンとして結合して沈殿するので，タンパク質の濁りの発生はほとんど無い）。この濁りの発生を防止するため，ベントナイトの粉末を白ワインに添加して，タンパク質を吸着させて，タンパク質含量を低下させる。

[**表6-2**] ワイン熟成に伴う化学的変化

＊（特に赤ワイン）タンニン、アントシアニン、タンニンーアントシアニン重合体ができる
　→重合体は熟成中に低分子化→その後：
・アセトアルデヒドを介した酸化的重合（酸素で促進される）→ワイン中での安定化、
　渋味マイルドに（苦味は強くなる）、色の安定化。
・アセトアルデヒドを介さない重合（酸素を必要としない）（特にカテキン、エピカテキン）
　（沈殿しやすく、熟成にはあまり寄与しない）
　（参考：渋み成分であるタンニンは、概して、分子量が大きいほど、渋みが強く、分子量が
　小さいほど渋みが弱く、苦みが強い。果皮由来のタンニンの方が種子由来のものより
　渋みがマイルド）
＊（特に白ワイン）モノテルペン前駆体（配糖体）からのモノテルペンの遊離
　（無臭から香気成分になる）
＊（特に瓶内熟成で）化学反応による香気成分の生成：
　・エステルの生成（酢酸、タンニンなどで促進される）。
　　これに伴い有機酸が減少→渋みがマイルドに感じられる。
　・熟成高品質リースリングの油様香気1,1,6－トリメチル－1,2－ジヒドロナフタレンなどの生成

　ワインの熟成のための条件を[**表6-1**]に示した。ワインの好気的熟成
のためには適度な酸素が必要であるが，そのために最も理想的な量
の酸素を供給してくれる容器がオーク（樫）樽である。オークは大別して
欧州系と米国系に分かれ，木目の細かさ（酸素供給量に影響），タンニン
含量，オークラクトン（樽香の主成分）含量などが多岐にわたるので，赤，
白の別，ワインのタイプなどによってのオークの選択および樽の内面の
焼き方（焼く程度）の選択が重要である。

　樽熟成には樫樽が使用されるが，樫は，大別して，欧州系の樫（トロ
ンセ，リムザン，アリエ，ネヴァース，スラヴォニアオークなど）と米国系の樫（ホ
ワイトオーク）に分けられる。概して，米国系は，バニリン，樽香の主成
分であるオークラクトン含量が高い傾向にある。ワインの熟成には主と
して欧州系が用いられるが，価格が比較的安い米国系もかなり使用さ
れている。

欧州系の中で，リムザンオークは，目が粗い，タンニン含量が高いなどの特徴があるので，主としてコニャック，アロマニャックブランデーの熟成に使用されている。

前述のように，ワインの熟成には，ワインの特性に応じて，用いる樽の選択が重要であるが，樽の内面の火によるあぶり（トースティング。蒸留酒熟成用の樽はより強く焼くのでチャーリングと呼ばれる）の程度も重要である。ライトトースト，ミディアムトースト，ミディアムプラストースト，ミディアムロングトーストなどがあるが，ワインに応じて使い分けることが重要である。使い分けには一定の基準はないが，ミディアムまたはミディアムプラストーストが最も多用されている。

［表6-2］に示したように，赤ワインの樽熟成の場合，熟成は従来のタンニンの重合が進むことによるという説は現在では否定され，適度な酸素の存在下で生成するタンニン同志，アントシアニン同志，タンニン－アントシアニンのアセトアルデヒドを介した重合などによって（［図6-2］参照），渋みのマイルド化，赤色の安定化などが誘導される現象である。

ビン内熟成の場合は，有機酸とエタノールの反応（エステル化）などの化学変化による芳香物質の生成が主な反応である。加えて，特に白ワインの場合，配糖体になっていたことによって無臭であったアロマ成分（モノテルペンなど）が糖から遊離することによるアロマの増強も期待できる（［表6-2］参照）。

●────4　充填

このように造られたワインは必要に応じてブレンドされ，酒石安定化，濾過工程，遊離亜硫酸濃度の調整などを経て，ビン，バッグインボック

［図6-2］赤ワインの主な熟成機構

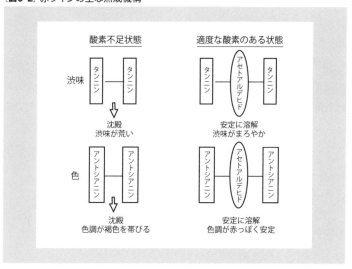

スなどに充填される。充填の際には，残留したワイン酵母や野生酵母
による再増殖，再発酵などの事故を防ぐ工夫が必要である。大別して，
55℃以上に加熱して残留酵母を殺菌する方法（加熱充填，パストゥーリ
ゼーション）と常温のまま0.45μ程度のフィルター（メンブレインフィルター）を
通して酵母を除く方法（低温充填）がある（低温充填では，ラインの無菌管理，
陽圧のクリーンルームの設置などの工夫が必要である）。加熱充填の場合は，
加熱後の高温が続くと，ワインの品質低下につながるので，近年では，
60℃以上で1－3分加熱後，急速に常温まで冷却して充填するフ
ラッシュパストゥーリゼーションを採用するワイナリーが増えている。

　通常のワイン（スティルワイン）の中には，特殊な製造方法を用いて造られる極甘口ワイン（貴腐ワイン，アイスワイン）も含まれる。また，二酸化炭素を含む発泡性ワイン，ブランデーなどでアルコール分を高めた酒精強化ワインなどもワインの仲間である。これらについても，以下に，簡単に解説する。

　貴腐ワイン，アイスワインは，果汁の天然の濃縮効果を利用して造られる。貴腐ワインの場合には，*Botrytis cinerea*というカビが完熟ブドウ果実表面で増殖し，果実がこのカビで覆われた場合に，それを原料として造られる（同じカビが，未熟の果実上で増殖した場合は，"灰カビ病"と呼ばれて，ブドウに致命的な打撃を与える）。このカビはブドウ表面で増殖するために，ブドウ果皮に細かい穴を開け，そこからブドウ中の養分を吸収する必要がある。この穴を通じて，ブドウ果実中の水分が蒸発して，糖，有機酸などの果実成分の極端な濃縮が起こり，最終的には，ブドウは干しブドウに近くなる。また，このカビはグリセリンなどの甘みと粘性をもつ物質を生成する。従って，これを原料として，醸造したワインは，粘性があり，極甘口のワインとなる。

　アイスワインの場合は，樹に付いたまま凍ったブドウを原料とする。このブドウを凍ったまま収穫し，圧搾すると，糖，有機酸などの果汁成分が濃い部分が先に溶解してくる。この濃い部分のみを取り分けて発酵すると，濃厚で極甘口のアイスワインができる。

　発泡性ワインは，通常通り造った（一次発酵と呼ぶ）ワインを原料として，これに糖，シャンパン酵母を添加して密閉容器の中でさらに発酵（二次発酵と呼ぶ）を行って造る。二次発酵では，密閉状態のために，発酵で発生する二酸化炭素が空中に逃げずにワイン中に残存し，ワインは発

泡性となる。

　この二次発酵はビン内または密閉タンク内（シャルマ方式）で行うが，フランスのシャンパン，スペインのカヴァなどはビン内二次発酵が義務づけられている。発泡性ワインは，世界各国で製造されており，ゼクト，スプマンテ，プロセッコなどが著名であるが，品質上位のものは，ビン内二次発酵のものが大半である。

　一部に，ワインにボンベから二酸化炭素を吹き込んで造る発泡性ワインも見られるが，泡が大きく，グラスに注ぐと，2 〜 3 分で泡がなくなるものが多い。

　酒精強化ワインには，スペイン，アンダルシア地方のシェリー，ポルトガルのポートワイン，マディラ，イタリアのマルサラなど多くの種類があるが，ここでは，スペインのシェリーの製造法に触れる。

　シェリーでは，いわゆるフロール（産膜酵母によるワイン表面の膜）を形成させて造るフィノ，アモンチラードが著名であり，他にもフロールの形成なしに造るオロロソ，クリームシェリーなど多くの種類があるが，ここでは，最もポピュラーなシェリーであるフィノについて解説する。

　まずは，パロミノ，ペドロヒメネス種ブドウを原料としてワインを醸造する（もともとは，原料ブドウを天日干ししたり，発酵時の汚染防止のために石膏を加えていたが，現在では，必ずしもこれらの操作を行うとは限らない）。次に，できたワインにブランデーを添加して，アルコール度を15 〜 15.5v/v％に調整する。このアルコール濃度によって，ワインの発酵を担ってきたワイン酵母（*Saccharomyces cerevisiae*）が，死滅してゆき，フロールを造る産膜酵母（これも，*Saccharomyces cerevisiae*であるが，表層が疎水的なのでワイン表面で増殖して膜（フロール）を形成する）が優位になる。このフロールを形成したワインを樽中で熟成するとフィノが造られる。アモンチラードの場合は，

フィノと同様な熟成後，ブランデーをさらに加えて，アルコール分17%
とし，さらなる熟成を行う。

　余談であるが，フィノ，アモンチラードの辛口（Dry）は，通常のワイン
のDryよりもさらに辛口である。通常ワインでは，残糖がほとんどなくて
も，グリセロールがあるためにやや甘みを感じるのに対して，フィノ，ア
モンチラードの場合はフロール酵母がグリセロールも資化するため完全
なDry（Bone Dryと呼ばれる）になる。

2　　　　ワイン醸造に関与する微生物

　前述のように，ワインのアルコール発酵には*Saccharomyces cerevisiae*が
使われる。その中でも，ワイン酵母では概して，亜硫酸耐性，高糖濃
度耐性が強く，低温発酵性が良好なものが多いように思う。近年では，
優良乾燥ワイン酵母（由来は自然界から分離した株）の添加が一般的であ
るが，一部には，外から酵母を添加せずに，ブドウ果皮に付着してい
る酵母のみで発酵を行う"自然発酵"を行っている自然派ワイナリーもか
なり存在する。

　"自然発酵"の場合は，*Saccharommyces cerevisiae*のみならず，発酵初
期に，*Kloeckera*属，*Pichia*属，*Hansenula*属などの*Saccharomyces*属以外の
野生酵母がワインに複雑性を与えている可能性も示唆されているが，
証明には至っていない。また，"自然発酵"の場合も，アルコール発酵
を担うのは野生の*Saccharomyces cerevisiae*であるが，必ずしも優良な株
が増殖するとは限らず，年ごとの品質差に注意が必要である。

　マロラクチック発酵を担う乳酸菌は*Lactobacillus*属（特に*Lactobacillus*

*plantarum*が多い)または*Oenococcus oeni*が大部分である。この場合も，優良乳酸菌(MLFスターター)を添加する場合と，ブドウ果皮由来の"自然"乳酸菌をアルコール発酵終了後に加温によって活性化してマロラクチック発酵を行う場合の両者があるが，後者の場合，*Pediococcus*属の乳酸菌が増殖してダイアセチルが増加したり，頭痛の原因となるチラミンを生成する*Lactobacillus*属乳酸菌(すべての*Lactobacillus*属乳酸菌ではないが)が増殖するなどのリスクがあることから，最近では，チラミンを生成しない*Oenococcus oeni*をMLFスターターとして添加するワイナリーが増えてきている。

　ワインの品質に悪影響を及ぼす微生物としては，酢酸菌(エタノールから酢酸を生成。主として*Acetobacter*属の細菌)，産膜酵母(*Saccharomyces cerevisiae*であるが，ワイン表面で増殖しアセトアルデヒドなどの産膜臭を生成)，特に樽熟成中の赤ワイン中で増殖し，4-エチルフェノール，4-エチルグアイアコールなどの異臭を生成する*Brettanomyces*属酵母(ビオワインではかなりの頻度でみられる)，充填後のワインでしばしば再発酵の原因となる*Zygosaccharomyces bailli*などが知られている。

3　　　ワイン醸造技術の進化

　ワイン醸造に関しては古典的技術が当然重要であるが，近年の研究の進歩を反映して，さまざまな工夫，機器の開発が行われている。以下にその主なものを紹介する。

●————1　ブドウ栽培関連

　品種特性を強調するために，品種とテロワールの関係が重視されつつあり，空中写真でデータを集め，畑，土地を細かく評価するリモートセンシング（収量モニターとGPSの組み合わせ，赤外線写真など）がかなり広く行われていている。また，同じ目的で，ブドウ栽培地が高緯度，高地に移行する傾向が顕著になってきた。

　さらに，遺伝子関連技術の進歩により，遺伝子解析によるブドウ品種の祖先，品種間の遺伝的関係などが明らかになってきた。また，ピノノワールの全遺伝子解析配列が果樹としては初めて明らかになった。

●————2　除梗，破砕，搾汁

　高級ワインの品質アップを目標にブドウ顆粒を選別するケースが増加し，ブドウ顆粒を色，糖度などを指標に自動選別する機器も開発されている。

　搾汁に関しては，バスラン型搾汁機が減り，ソフトに搾汁ができるバルーン（ニューマティック）型搾汁機が主流になってきた（Bucherなど）。密閉容器中で搾汁可能なので，窒素置換などによって，溶存酸素の上昇を防げるメリットもある。

●————3　果汁処理（［表6-3］参照）

　従来から使用されている遠心分離機の使用が拡大している。

　また，発酵前の果汁清澄方法としてフローテーションが一般化しつつある（方法に関しては［**表6-3**］参照）。

　さらに，亜硫酸無添加ワインの製造方法として，果汁を徹底的に酸化させ，沈殿物を除いて，発酵させるハイパーオキシデーション法が

[表6-3] 果汁処理技術の進歩

1. 果汁の清澄
   （品質に悪影響のある固形物やポリフェノールオキシダーゼを減らす目的）
   ＊低温下での沈降
   ＊遠心分離：
   ・溶存酸素が増加する危険あり→使用前に窒素ガスを吹き込むなどのケアーが必要
   ＊フローテーション：
   ・窒素の微気泡を下から送って、固形物を表面に浮き上がらせ、それをロータリー吸引機で
   　すくい取る。
   ・窒素の替わりに空気を使用することによってハイパーオキシデーションにも使用できる

2. 果汁の処理
   ＊ハイパーオキシデーション：
   ・第一段階：フローテーションで固形物除去
   　第二段階：多量の空気を送り、果汁中の酸化されやすい成分を酸化させ除去後、発酵を行う
   ・酸化褐変した果汁の色は、発酵中の低い酸化還元電位のもとで、ほぼ元に戻る。
   　ただ、すべての酸化成分がもとに戻るとは限らない。
   ・生成したワインは酸化が遅くなる（ただし、フルーティーなワインにはならない）

開発され，フローテーションと組み合わせて用いているワイナリーも存
在する（[表6-3]）。ただし，この方法はできるワインの品質に難がある
ため，あまり拡大していない。

　赤ワインにおいては種子由来のタンニン抽出を極力抑え，果皮由来
の柔らかなタンニンを優先的に抽出することが品質上好ましい。この
目的のためにフラッシュ・デタントと呼ばれる方法（詳細は[図6-3]参照）
が考案され，後述の，同じ目的のために開発された発酵方法のデレス
タージュ法と共に，広く用いられるようになってきた。

　高緯度で栽培されるブドウは，酸味が過多である場合が多く，炭酸
カルシウムによる除酸が行われるが，新しい除酸剤として，炭酸カルシ
ウムに少量のCa-リンゴ酸－酒石酸複塩（結晶母として機能）を含むもの
が市販されている（日本では認可されていない）。

[図6-3] 発酵技術の進歩1（フラッシュ・デタント）

```
┌─────────────────────────────────────────────────────────────┐
│  茎を除いたブドウを酸素を追い出した容器中で82℃ぐらいに数分間加熱  │
│         （果皮は加熱されるが、果肉は常温）                      │
│                          ↓                                   │
│  加熱後すぐに密閉タンク内で冷却し、減圧条件にする（この際に発生する  │
│    蒸気はピラジンなどの品質にネガティブな物質を多く含むので捨てる） │
│                          ↓                                   │
│  果皮の細胞が破壊され、タンニン、アントシアニンの抽出効率は高くなる。 │
│  また、蒸気が発生するので、濃縮効果もあり（種子は水分含量が低いの    │
│  で、細胞は壊れない→種子の粗いタンニンの比率が低くなる）         │
│                                                              │
│              通常通りかもし発酵                               │
└─────────────────────────────────────────────────────────────┘
```

[表6-4] 発酵技術の進歩2

＊デレスタージュ（Rack and return）（赤ワイン）：
・かもし発酵中に毎日、液部分を別のタンクに移し、もとのタンクにスプレーして戻す
・戻す時にスクリーンで種子をトラップして除く→種子の粗いタンニンの影響を少なくできる
・空気に触れることにより、酵母の活性化、タンニンとアントシアニンの安定した重合体形成促進、低分子タンニンの重合によるマイルド化の促進の効果がある。

＊セニエ（赤ワイン）：
2−3日のかもし発酵後、液の一部を除き（ロゼワインとなる）、残りの液でかもし発酵を継続→液あたりの果皮比率が高くなる

＊ドブレ・パスタ（赤ワイン）（スペイン）：

2−3日のかもし発酵でロゼワインを作り、その時の果皮を別のかもし発酵に加える→液あたりの果皮比率が高くなる（アリカントの濃色ワインなどに使う技術）

● ──── 4 アルコール発酵

　赤ワインの発酵時に，種子よりも果皮のタンニンを優先的に抽出するために開発されたデレスタージュ法（[表6-4] 参照）が，醸し発酵中に

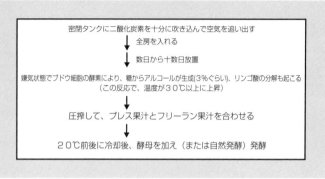

［**図6-4**］カーボニックマセレーション（マセラシオンカルボニック）（赤ワイン）

密閉タンクに二酸化炭素を十分に吹き込んで空気を追い出す

↓

全房を入れる

↓

数日から十数日放置

↓

嫌気状態でブドウ細胞の酵素により、糖からアルコールが生成(3％ぐらい)、リンゴ酸の分解も起こる
（この反応で、温度が30℃以上に上昇）

↓

圧搾して、プレス果汁とフリーラン果汁を合わせる

↓

20℃前後に冷却後、酵母を加え（または自然発酵）発酵

循環, 液攪拌を自動的に行う自動醸し装置とともに, 広がりを見せている。

　マセラシオンカルボニック, 色の濃い（タンニン, アントシアニン含量の高い）赤ワインを製造する技術であるセニエ, ドブレパスタなどの従来技術も, 状況に応じて用いられている（［**図6-4**］参照）。

　また, ピノノワールを中心に, タンニンを補うため, 茎（ただし, 十分に木化, 成熟した茎に限る）を除かずに発酵を行う全房発酵も流行し始めている。この方法の場合, 茎が入った分, 醸し発酵中のモロミに隙間ができ, 温度上昇を防止できる, 液の流動性が高まるなどのメリットもある。

　ワインの発酵では時として発酵が途中で停止するStuck Fermentationと呼ばれる現象が知られている。この原因としては窒素源の欠乏などいくつかがあげられるが, 原因の大部分に, ある種のバクテリアが酵母に作らせるプリオン（自己増殖するといわれているタンパク質

で，狂牛病プリオンが有名。この酵母プリオンはヒトに害は及ぼさない）が関与していることが明らかになった。

◉————5　マロラクチック発酵

　赤ワインを飲むと頭が痛くなる人を時々みかけるが，その原因はバイオアミンのチラミンであることが判明している。酵母はチラミンを生成しないので，マロラクチック発酵で発酵を担った乳酸菌が原因であることが判明した（赤ワインで頭痛がする人でも，白ワインは大丈夫という人が多いが，白ワインは大部分がマロラクチック発酵をしないことに起因すると考えられる）。さらには，*Lactobacillus*属はチラミン生成株が多く，*Oenococcus oeni*はほとんどがチラミン非生成であることが明らかになった。これを反映して，マロラクチック発酵への*Oenococcus oeni*のMLFスターターの使用が急増している。

　ちなみに，ヒトはチラミンを分解するモノアミンオキシダーゼを持っているが，この酵素レベルはヒトによって大きく異なり，赤ワインで頭痛がするヒトはこの酵素レベルが低いことも明らかになっている

◉————6　ろ過，安定化

　ワインは，ペクチンやグルカンなどを含有するため，濾過工程で目詰まりが発生することがしばしばある。［**表6-4**］に濾過方法の分類，特徴を示したが，目詰まりを防ぐために，近年，液を濾過膜に対して垂直に流すデプスフィルターに替えて，濾過膜に平行に液を流すクロスフロー濾過（［**図6-5**］参照）の使用が主流になってきた。

　ただし，同じサーフェスフィルター［**表6-5**］であっても，クロスフローの場合はNominal Filtrationなので，Absolute Filtrationであるメンブレン

[表6-5] ろ過の分類と特徴

1) デプスフィルター（Depth filter）:
　　＊特徴；
　　　フィルター内部で粒子を捕捉（液を濾過膜に対して垂直に流す→詰まりやすいので
　　　濾過助剤が必要）
　　・孔径以上の粒子も透過することあり、公称ろ過（Nominal filtration）
　　＊種類；・珪藻土ろ過機　・シートろ過機（パッドろ過機）
2) サーフェスフィルター（Surface filter）:
　　＊特徴；
　　・フィルター膜表面で粒子を捕捉（液をろ過膜に対して垂直ではなく、ろ過膜に平行して
　　流す→詰まり難い）
　　（絶対ろ過）（Absolute filtration）
　　＊種類；
　　・メンブレインフィルター：孔径はフィルターの最大孔径を表すので表示孔径以上の
　　大きさの粒子、菌体は100％補足可能、絶対ろ過（Absolute filtration）
　　・クロスフローろ過機：表示孔径以上の大きさの粒子、菌体の一部は透過、公称濾過
　　（Nominal filtration）

[図6-5] デプスフィルターとサーフェスフィルターの原理

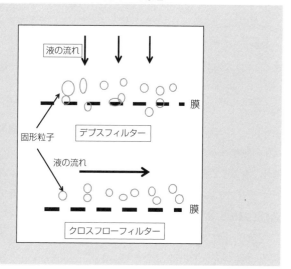

フィルターと異なり，0.45ミクロンの膜でも，酵母を完全にはトラップできないので注意を要する。

　消費者に渡ってから冷蔵庫で酒石が発生しないようにするための，酒石安定化[5] に関しては，従来の低温処理，コンタクト法，クリスタルフロー法に替わって，電気透析による方法が主流になっている。この方法では，酒石の本体である酒石酸水素カリウムのみならず，オリクレームになることもある酒石酸カルシウムも低減可能というメリットもある。また，ワインに添加して酒石発生を防止する添加物として，カルボキシメチルセルロース（CMC）や酵母細胞壁由来のマンノプロテインの使用が増加している。マンノプロテインは，日本では未認可である。

　日本では，再発酵防止の目的で（特に甘口ワインの場合），ソルビン酸，ソルビン酸カリウムのワインへの添加が従来から認められているが，最近，二炭酸ジメチル（DMDC）の添加が認められた。DMDCはソルビン酸より殺菌効果が大きく，かつ，ソルビン酸は製品ワイン中で徐々に分解して（特に光が当たると分解が速い）異臭物質を生ずるのに対して，DMDCは数時間で二酸化炭素とメタノールに分解するので，ワインの香りを害さないメリットもある。

脚注

(5)————酒石安定化：酒石は，葡萄由来の酒石酸と同じく葡萄由来のカリウムが結合してできた酒石酸水素カリウムである（まれに酒石酸カルシウムであることもある）。ワインを購入して冷蔵庫で冷やすと酒石の溶解度が下がり，酒石の結晶が析出することがある。葡萄由来成分なので人体に害は皆無であるが，これを嫌う消費者がかなりいることから，−5℃ぐらいで5−7日間冷却したり，電気透析という方法で，冷蔵しても酒石が出ないようにする場合が多い（この過程を酒石安定がと呼ぶ）。

重厚な赤ワインの熟成を早める目的で，フランスのマディラン地方で開発されたマイクロオキシジェネーションが一般化。アルコール発酵終期または終了後から，微量の酸素（マロラクチック発酵終了までは 2 ～ 90mL ／ 1 Lワイン／月，終了後は 1 − 10mL ／ 1 Lワイン／月）をごく細かいバブルで送ることにより，［図6-2］のアセトアルデヒドによるタンニンの架橋による味のマイルド化，アントシアニン同志，またはアントシアニンとタンニンのアセトアルデヒドを介した結合による色の安定化などが促進される。

また，熟成効果は疑問であるが，オークチップの添加による樽香の付与が一般化されている。日本でも認可され，使用が増えつつある。樽熟成には遠く及ばないので念のため注意が必要である。

8 充填

デイリーワインでは，大容量のバッグインボックス（BIB）製品が増えている。構造は，高密度ポリエチレン（HDPE）/アルミニウム/HDPEまたはHDPE/ポリビニルアルコール（PVA）/HDPEの 3 層構造になっており，酸素の透過性を極力抑えているので，日持ちには問題はない。

栓に関しては，オーストラリア，ニュージーランドを中心に増加してきたスクリューキャップが世界的に増加中である。開栓時に，キャップがすべて外れるPPキャップと，リングが残るステルキャップ（商品名ステルヴァン）の 2 種類があり，輸入ワインでは後者が圧倒的に多い。なお，スクリューキャップのワインは酸素不足のため，ビン熟成には不向きである（逆に，コルク栓のワインより日持ちする）。

コルクに関しても，ナチュラルコルクの品質低下と価格上昇を反映し

[表6-6] コルクの種類

分類	一般名 または商品名	備考
天然コルク	ナチュラルコルク	100%コルク樫の樹から造られたコルク
テクニカルコルク(天然コルク加工品、半合成コルク)	圧縮コルク	天然コルクを製造する際に出てくるコルク屑を成型したコルク
	コルメートコルク	安価な天然コルクの表面の穴をコルク粉末で埋めたコルク
	ツイントップコルク	圧縮コルクの上下の天然コルクのディスクを貼り付けたコルク
	ディアムコルク	天然コルクを粉末化して、リグニン部分を除く→残ったスベリンを主成分とする部分を超臨界二酸化炭素で処理することによりブショネ成分(主としてトリクロロアニソール)を除き、プラスチックポリマーと混合して成型する。製品でのブショネの発生クレームがないので、使用が増加中。
	Altecコルク	超臨界二酸化炭素処理がないこと以外はディアムコルクと同じ製造方法
合成コルク	鋳型成型合成コルク	発泡プラスチックを鋳型成型して製造。開栓力が高くなる傾向があり、あまり歓迎されていない。
	押し出し成型合成コルク	発泡プラスチックを押し出し成型して製造。開栓は比較的し易い。Nomaコルク、Neoコルクが有名。

「ワインの秘密」(株式会社PHP研究所) をもとに作成

て，さまざまな半合成コルク，合成コルクが開発されており（[**表6-6**] 参照），使用が急速に増えてきている。これらに関しては，さまざまな知見が報告されているが，瓶詰め後 2 年間ぐらいは，ナチュラルコルクと半合成コルクの間で，ビン熟成の度合いに差が見られないと考えられている。

コルクの問題点としては，原料であるコルク樫の板の段階でのカビ汚染とコルク漂白に用いる塩素の残留に起因するトリクロロアニソール (TCA)によるコルク臭（ブショネ）（たまに，トリブロモアニソールによる場合も

みられる）が問題になるが，半合成コルクのディアムコルクの場合は，原料のコルク粉末の段階で，超臨界二酸化炭素で処理することにより，TCAを除去することで，ブショネの発生が防止できるので，使用が急速に拡大している。

　ナチュラルコルクに関しても，TCAを大幅に下げる技術が開発され，実施されている。すなわち，コルクを24時間，85℃に熱し，水蒸気によりTCAなどを低減させた後，コルクを65℃に熱して，水蒸気とエタノールを送り込んで，さらにTCAレベルを下げる方法である。

●────── 9　その他

　ワインには，通常，酸化防止目的で亜硫酸が添加されている。この亜硫酸は，ワインに使用するレベルでは人体に全く無害であるが，一部には健康被害を心配する消費者も存在する。そのような消費者を対象に，亜硫酸を使用しないワインが開発されている。亜硫酸無添加でワインを製造すると，発酵で生成するアセトアルデヒド（亜硫酸があれば，亜硫酸と反応して，無臭物質に変わる）に起因する異臭がワインに残るので，アセトアルデヒド生成の少ないワイン酵母の選抜が必要である。また，亜硫酸がなくても酸化しにくいように，ワイン中の溶存酸素を減らす必要があり，ワインの移動，充填にも工夫が必要である（溶存酸素は低温になるほど多くなるので，多少加温して充填するなどの工夫も必要）。現在，市場にある亜硫酸無添加ワインは，これらの点で品質的に問題のあるものが多い。

4   おわりに

　日本のワインの消費量に関しては，食生活の欧米化に加えて，健康志向の追い風もあって，今後確実な伸長が予想されている。また，その製造技術に関しても，世界的に，赤ワインにおけるブドウ果皮のタンニンの優先抽出（種子からのタンニン抽出を最少限に抑制），果皮からのアロマ抽出，濾過技術の革新，充填方法の進歩などにより，産地，製造地を問わず，良質のものが造られるような流れになってきている。現状では賛否両論はあるが，遺伝子組み換えによるブドウの耐病性アップ，アロマの増強などが市場に受け入れられるようになれば，全世界的に見て，ワイン品質のさらなる大幅なアップが期待される。

第7章

チョコレート：高カカオチョコレートの開発

—Farm to Barをめざして—

株式会社明治 研究本部商品開発研究所カカオ開発研究部長
宇都宮洋之

カカオ開発研究部
崎山一哉

1　　　はじめに

　日頃，私たちが口にしている甘くて香り豊かなチョコレートは，世界中の人々の生活や文化に密着し，なくてはならない食品として長い歴史を刻んできた。日頃なにげなく食べているチョコレートが，発酵食品であり，発酵がチョコレートの味や香りにとって非常に重要な工程であることは，あまり知られていない。

　近年，ミルクを含まないチョコレート，すなわち「ダークチョコレート」が市場に多く見られるようになってきた。1980年代のアメリカではカカオがスーパーフード，健康食材として位置づけられ，健康志向の高まりから，チョコレートに含まれるカカオポリフェノールのさまざまな機能性が注目され，カカオ原料の配合率の高い，いわゆる「高カカオチョコレート」が売り上げを伸ばしてきた。一方で，嗜好品としても，ワインやコーヒーなどと同様に，カカオの持つ本来の香味を楽しむ高カカオチョコレートが，大手企業から専門店まで数多くみられるようになってきた。

　このような，カカオと砂糖だけで構成される「高カカオチョコレート」の機能面，嗜好面の設計において，これまで以上にチョコレートの主原料であるカカオの品質に関する理解とコントロールが非常に重要となってくる。

　チョコレートは，熱帯地域であるカカオ豆生産国での，品種選定，栽培，収穫，発酵，乾燥，輸送までの工程と，チョコレート生産国（日本など）における選別，殺菌，ロースト，磨砕，コンチングの加工工程を経て，成型，包装までが行われ，いずれの工程も品質に影響を与える[図7-1]。

　2000年代後半から，Bean to Barチョコレートと呼ばれる「カカオ豆

[図7-1]カカオ豆からチョコレートができるまで

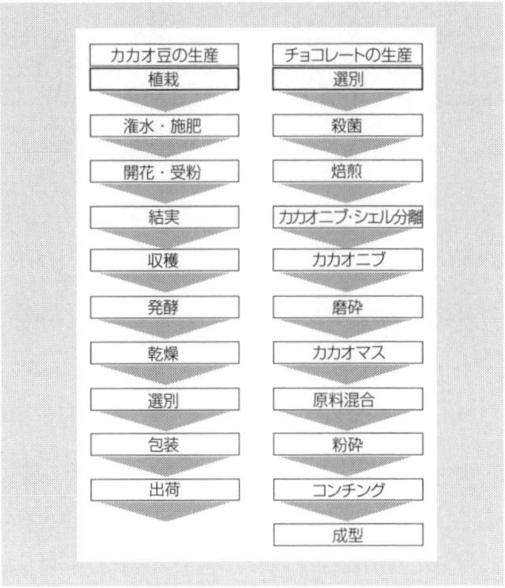

カカオ豆の生産	チョコレートの生産
植栽	選別
灌水・施肥	殺菌
開花・受粉	焙煎
結実	カカオニブ・シェル分離
収穫	カカオニブ
発酵	磨砕
乾燥	カカオマス
選別	原料混合
包装	粉砕
出荷	コンチング
	成型

(Bean)からチョコレート(Bar)までを一つのブランドが一貫して手がけるスタイル」がアメリカを中心に増え，日本においても一部の専門店が自らカカオ豆の生産や加工工程を行い，特徴的な香味をもつチョコレートを販売するようになっている。甘いおやつであったチョコレートが，ワイン，コーヒーのように楽しむ嗜好品として提案されるようになってきている。

　嗜好性のある高カカオチョコレートの香味表現は多種多様であり，一般的な五味(甘味・塩味・苦味・酸味・旨味)と，香り(ナッティ・フルーティ・フローラル・カカオなど)があり，その詳細な表現方法は評価する者によってまちまちではあるものの，特に高品質のチョコレートについては，前述の香りが重要視されている。このような特徴的な香味をもつカカオ豆は「フレーバー豆」と呼ばれ，カカオの品種や産地の選択，カカオ豆

の最適な発酵なくして得ることはできない。

　本章では，カカオの歴史，チョコレートができるまでの工程，特にカカオ産地における品種・発酵と香味の関係を中心に科学的な観点も交えて説明する。

2　　カカオの歴史

　カカオは，アオイ目アオイ科ビトネリア亜科テオブロマ属の植物で学名を*Theobroma Cacao L.*という。18世紀，スウェーデンの植物学者カール・フォン・リンネによって名づけられた。*Theobroma*（テオブロマ）はギリシャ語で「神の食べ物」を意味している。赤道を挟んで南緯20度から北緯20度の間，年間平均気温27℃以上，年間降水量1,500㎜以上の高温多湿な熱帯地域で栽培され，西アフリカ，アジア，中南米が主要な生産国である。世界の生産量は約465万トン，そのうち約3/4は西アフリカが占めており，世界最大の生産国はコートジボワールである[1]［**表7-1**］。特徴的な香味をもつカカオは主に中南米・カリブ海・マダガスカルなど原種に近い形質を残した生産国に多く見られるが，生産量は極めて少なく稀少性が高い。

　カカオの起源地は，形態学的性質や遺伝的解析を用いた研究から，

脚注
(1)————　メキシコ中南部からコスタリカにかけて共通的な特徴を持った文明が栄えた
　　　　　　一帯をさす

[表7-1]世界のカカオ生産概況（2017/2018クロップ）[1]

	（単位：万トン）
コートジボワール	196.4
ガーナ	90.5
エクアドル	28.7
ナイジェリア	25.0
カメルーン	25.0
インドネシア	24.0
ブラジル	20.4
ペルー	13.4
ドミニカ共和国	8.5
コロンビア	5.5
その他	24.7
合計	465.1

コロンビアとエクアドルの国境に近いアマゾン川上流，アンデス山脈東側であると考えられ，そのカカオが南米から中米，メキシコ辺りまで伝播し，栽培が始まったと推察されている[2]。人間とのつながりは非常に古く，紀元前2000年頃からのメソアメリカ[1]において飲用として栽培されていたと考えられていたが，2018年，南米エクアドルの遺跡から出土した石器などからカカオの成分であるテオブロミンやでんぷんが検出され，5000年以上前からカカオが人々の生活に存在していたことが示唆されている[3]。古代メキシコを中心としたオルメカ・マヤ・アステカ文明において，カカオは王侯貴族の飲み物として大変貴重なものであった。ローストしたカカオ豆，トウモロコシ，スパイスを混ぜてメタテ，マノと呼ばれる石器ですりつぶし，水をいれ，よく混ぜ，これを飲んでいたとされる。カカオ豆は，十分発酵されたものではなく，比較的渋味の強い豆をトウモロコシやスパイスで，飲みやすくするとともに，炭水化

[図7-2] メタテとマノ

出典：㈱明治

[図7-3] カカオドリンク

出典：㈱明治

物と同時に摂取することで，食事替わりとされ［**図7-2,3**］，カカオのほろ苦さとスパイスの効いた飲料であったと考えられる。

16世紀にスペインが現在のメキシコ辺り，アステカ帝国に進出したことをきっかけにカカオがヨーロッパに伝搬し，砂糖と出会うことで，それまでの苦い飲み物から，甘く飲みやすい飲料となった。我々が親しんでいる現在の固形のチョコレートが生み出されたのは19世紀半ばであり，5000年以上の長いカカオの歴史を紐解けば，そのほとんどが飲料形態で人々の生活に根付いており，現在の固形のチョコレートはわずか200年に満たないことになる。現在でもなお，メキシコなどラテンアメリカ地域においては，前述の方法で作られるカカオドリンクが日常生活で飲用されている。

3 　カカオ豆からチョコレートができるまで

1 　カカオの品種

　特徴的な香味をもつチョコレートをつくるためには，その香味のポテンシャルを有するカカオの品種が重要である。しかしながら，実際には特定の品種のみを選択し栽培することはほとんど行われておらず，一定の品質が得られる産地や地域を選んでいるのが現状である[**図7-4**]。原種に近い遺伝グループはクリオロ種とよばれ，特徴的な香味をもつ反面，病虫害に弱く，生産性も低いことから，稀少性の高い品種としてメキシコやベネズエラ，マダガスカルなどでわずかに生産されている。一方で，病虫害に強く，生産性の高いフォラステロ種は，チョコレートのベースになる香味をもち，コートジボワールやガーナなどの西アフリカで多く栽培されている。このクリオロ種とフォラステロ種の交配によってうみだされたのがトリニタリオ種であり，ラテンアメリカ地域を中心に広く栽培，花のような特徴的な香りをもつナシオナル種がエクアドルで栽培されている。以下に各品種の特徴を示す。

◉──────1 　クリオロ種
　「クリオロ」はスペイン語で「自国のもの」「その土地生まれ」という意味を持ち，栽培量は全世界の生産量の0.5％程度，一般的に苦味が少なくマイルドな味である。収穫したて，新鮮な状態の一般的なカカオ豆は断面が鮮やかな紫色を呈しているのに対し，クリオロ種は断面が白く，いわゆる「ホワイトカカオ」とよばれ稀少性が高くなる。なお，これは色素成分であるアントシアニン配糖体[(2)]がほぼないためである[4]。

2　フォラステロ種

「フォラステロ」は，スペイン語で「よその土地の」「よそ者」という意味をもち，栽培量は全世界の70 〜 80％程度，アマゾン川上流から西アフリカに伝播したとされ，病虫害にも強く，生産量が多く，いわゆるチョコレートの香味である。

3　トリニタリオ種

カリブ海のトリニダード島で誕生したことから，トリニタリオと名づけられ，「クリオロ」と「フォラステロ」の自然交配でできたものされ，近年では生産性や病虫害耐性と香味品質を両立すべく改良が行われ，主に中米・カリブ海，アジア地域で栽培されている。香味はさまざまである。

4　ナシオナル種

ジャスミンやバラを思わせる非常に特徴的なフローラル香を持つ品種で，エクアドルやペルーなどの限られた地域で栽培されている。近年，ナシオナル種は生産性の低さから急激に減少しており，フローラル香の少ない改良されたCCN51とよばれる品種が，圧倒的な生産性の高さを理由に急速に拡大したために産地として香味品質低下が起きている。

　カカオの品種が香味品質に与える影響とその科学的メカニズムについては，未だ解明されていない部分が多い。カカオの果肉部分に含ま

[図7-4] カカオの木とカカオポッド

出典：㈱明治

れる香りが品種で異なること，その香りが発酵中に種子内部に浸透していくことなど，近年研究が進んでいる。これまで，カカオの品種研究は生産国観点において生産性と病害耐性の向上に主眼が置かれてきたが，香味品質を求める観点も近年では検討されつつあり，遺伝学的研究や栽培技術の進歩に期待したい。

　カカオには以上のような品種分類以外に，「ベース豆」と「フレーバー豆」という役割からの分類と呼び方が存在している。チョコレートの基本的香味として欠かせない豆として使われるのが，主にフォラステロの「ベース豆」，一方でナッティ，フルーティ，フローラルといった品種や産地特有の香味を持ち，多様な味わいを表現する際に使われるのが，クリオロやトリニタリオの「フレーバー豆」である。

2　カカオの栽培

　多くの小農家は代々受け継がれた農園からとれるカカオを，教えられてきた方法で収穫，発酵，乾燥を行い，仲買人などに販売して生計を立てており，自分の農園に植栽されている品種に関しての詳細はほぼ理解できていない。新たな植栽は，種から畑にまくか，あるいは苗木を購入して植栽するかであり，品質観点よりも生産性が重視される場合が多い。

　カカオは一部の品種を除き他家受粉[3]であり，病虫害や生産性のリスクも考慮すると，一般的には複数の品種を混栽する必要がある。そのため，香味品質の優れた品種のみを栽培することは，非常に高度な技術で管理された農園以外難しいことになる。特定の品種を栽培するためには，接ぎ木による方法で苗木を量産化したのち植栽する。3〜4m間隔で畑に植栽し，幼木は強い日光に弱いため，バナナなど陰を作る作物と混栽し，およそ3年程度で収穫が可能になる［**図7-5**］。

　成木は剪定頻度にもよるが，高さ6〜7m，幹の太さは20cmほどである。1cmほどの可憐な白い小さな花を咲かせると，ヌカカなどの小さな飛来虫によって花粉が媒介され，受粉後約半年で20〜30cm，500g前後のカカオポッドを幹に直接実らせる(これを幹生果という)。

脚注

(3)――――他の個体の花粉によって受粉すること。カカオは，虫が花粉を媒介する「虫媒花」とされる。

[図7-5]カカオ農園

出典：㈱明治

3　カカオの収穫・発酵・乾燥

　収穫は乾季，年2回が一般的であり，産地によって時期は異なる。カカオの収穫，発酵，乾燥は「ポストハーベスト」といわれ，カカオ加工において品質を決定する極めて重要な工程である。収穫は，病虫害で黒くなったものや，虫や動物にかじられたもの以外，充分に熟したもののみを，枝の根元から手作業で切り落とす。その後，豆を傷つけないようにカカオポッドから白い果肉（カカオパルプとよぶ）に包まれたカカオ豆を取り出していく[**図7-6, 7**]。

　白い果肉は，糖質を豊富に含み，外部の環境から侵入してきた酵母，乳酸菌，酢酸菌などの微生物の基質となる。取り出したカカオ豆をカカオパルプがついたまま，バナナの葉にくるんだり，木製やプラスチック製の箱にいれて3〜6日程度発酵を行う[**図7-8, 9**]。

　発酵方法は，特に小農家ではそれぞれのもつ設備や，代々受け継がれてきた方法で行われており，安定的な品質が得られにくい。一部

[図7-6]ポッド割の様子

出典：㈱明治

[図7-7]カカオポッドの中身

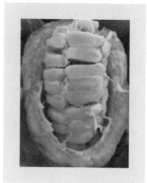

出典：㈱明治

[図7-8]バナナの葉を用いた発酵

出典：㈱明治

[図7-9]木製発酵箱を用いた発酵

出典：㈱明治

の大規模生産者や，国の品質管理がされている農園では，発酵方法と品質の関係を理解し，顧客の求める品質に対して様々な発酵レシピを所有しているところもがあるが極めて少ない。

　発酵が終了したカカオはすぐに乾燥を行う。一般的に天日乾燥が

行われ，水分が通常8.0%以下になるまで乾燥する。天候に左右されるため，乾燥の管理は難しく，乾燥が不充分であったり，長時間かかったりすると，オフフレーバー[(4)]の発生やカビのリスクが高くなる。乾燥した豆は麻袋などにいれられ，コンテナ船で世界中のチョコレート生産国に輸送される。

4　カカオ豆のロースト

　チョコレート製造工場に持ち込まれたカカオ豆は，砂や石などの異物が除去され，蒸気等による殺菌を経たのちローストされる（一般的に120 ～ 150℃）。ロースト方法はさまざまであるが，設備，温度，時間など様々なパラメーターを変化させることで異なる香味を表現できる。ローストしたカカオ豆の揮発性化合物は600を超えるといわれている[5]。発酵で生じた還元糖（主にフルクトース）とアミノ酸やペプチドが加熱されることでメイラード反応が進行し，アルデヒドやピラジンなどのチョコレートらしいナッティ香や，苦味が生成する。従って，良質なナッティ香や苦味を得るためには，カカオ豆の発酵制御によって充分な前駆体を作ること，適切なロースト条件の選択が必要となる。ローストされたカカオ豆は，粉砕され，外皮（シェル）が取り除かれる。得られた胚乳部（ニ

脚注
(4)————外部からの臭気成分の付加や，化学変化によって，本来その食品が持つ匂いから逸脱した異臭のこと

ブ）は，油分を約55％含み，体温付近で融解するため，磨砕により液状のカカオマスとなる。これに砂糖やミルクを加え，粉砕，コンチング，成型を経てチョコレートとなる。

4　　チョコレートの香気成分

　チョコレートの香味に関与する揮発性物質の研究は多く報告されている[6][7]。

　ロースト工程での還元糖とアミノ酸，ペプチドのメイラード反応については古くから研究されており，ナッティ香，ロースト香の主成分としては，2-Methylbutanalや3-Methylなどの低級アルデヒド，ピラジン類およびフラン類などがある。またフレーバー豆に特徴的なLinaloolなどのテルペノイド類はフローラル香，エステル類はフルーティ香に特に重要な成分である［図7-10］。

　これらの香気発現は非常に複雑なメカニズムであり，現在もなお研究が行われている。［図7-11］は一般的なカカオの香気発現を模式図化したものである。カカオの香りは，カカオパルプに含まれている品種固有の成分が発酵中に浸透していくもの，微生物発酵によって生成した香気が発酵中に浸透していくもの，発酵後期においてニブ中の酵素反応により前駆体が生成し，ロースト工程で発現するもの，極めて多様な化学反応が時系列的に起きることで生じている。

　フレーバー豆に特徴的なナッティ香，フルーティ香，フローラル香の強さと質を制御するためには適切な品種の選択と発酵の最適化，及びこれらの工程における香気成分の挙動を把握することが必要となる。

[図7-10]チョコレートの主な香気成分[6]

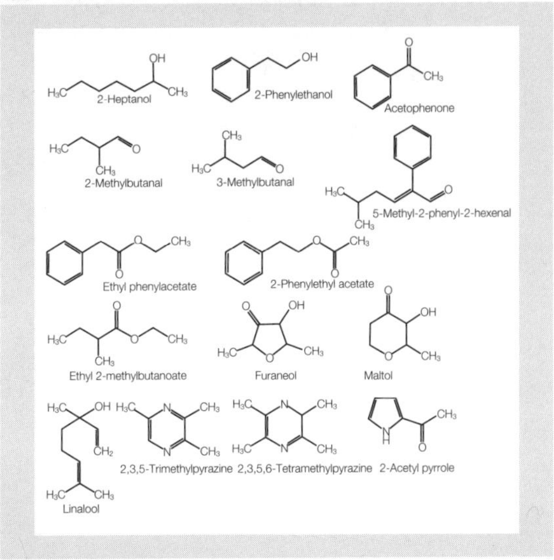

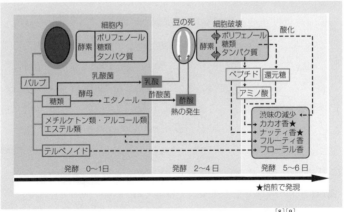

[図7-11]カカオの発酵模式図

(D.Kadowらの報告[8][9]より筆者作成)

5   カカオの発酵と香気発現

1   発酵メカニズム

　チョコレートが発酵食品であるということはあまり知られていないかも
しれない。ヨーグルトやアルコール飲料のように，特定の微生物を添
加し，衛生的に管理された環境で，制御されて作られる食品とは大き
く異なる。カカオの発酵に関与する菌は主に酵母，乳酸菌，酢酸菌で
あり，これらの微生物は決して人為的に添加されたものでなく，各農
家においてカカオポッドを割った際に周囲から混入するものや，発酵
箱に付着していたものなどさまざまである。

　カカオ豆の周囲をしっかりと包んでいるカカオパルプ中の糖質は主
にフルクトースとペクチンであり，クエン酸を含み，pHは3〜4の酸性
である。カカオパルプは粘着性があり，カカオポッドから取り出された
状態においては豆と豆の間に空気が入りにくい状態である。カカオの
発酵は嫌気性状態の酵母発酵から始まり，カカオパルプ中の糖がエタ
ノールに変換されていく。同時に粘着性をもたらしているペクチンは酵
母の産生するペクチナーゼによって分解され，カカオパルプは液状化
し，流れおちていく。その後，発酵環境中の温度，pHが乳酸菌にとっ
て活動しやすい環境になると，乳酸発酵による乳酸の生成がはじまる。
さらに嫌気性状態を作っていたカカオパルプが流れおち，カカオ豆の
間に空気が入りこむと，酢酸菌による好気性発酵でエタノールが酢酸
に変換される。これらの酸は発酵中にカカオ豆種子内に浸透し
[図7-12]，チョコレートに「酸味」を付与する。

　酢酸発酵は発熱を伴うため，発酵5日ごろには約50℃まで達し，こ

[図7-12] カカオ豆の微生物発酵

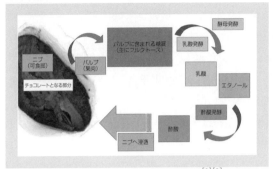

（D.Kadowらの報告[8][9]より筆者作成）

[図7-13] カカオ発酵における香気・前駆体の生成

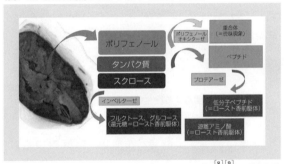

（D.Kadowらの報告[8][9]より筆者作成）

の熱と浸透した酸によってニブは発芽活動を失い，貯蔵細胞が破壊していく。細胞内に含まれていた成分は，細胞外の各種酵素によって化学的な反応が進行し，香気成分やその前駆体が生成していく[図7-13]。タンパク質はプロテアーゼの影響によって低分子化され，ペプチドやアミノ酸を生成する。特にバリン，イソロイシン，フェニルアラニンなどの

疎水性アミノ酸はチョコレート様の香気前駆体として非常に重要である。これらの前駆体は、その後のロースト工程でのメイラード反応によって、「ナッティ香」や「苦味」を生成する。

チョコレートに「渋味」をもたらすポリフェノールは、ポリフェノールオキシダーゼの作用により酸化重合し、タンパク質やペプチドと複合体を形成し、減少していく。

このように、発酵はチョコレートの香味に非常に重要な工程であり、おいしいチョコレートを安定的に得るためには、このメカニズムをコントロールすることが重要である。例えば、酸味や苦味の強いチョコレートを作るためには乳酸発酵や酢酸発酵を亢進させる（例えば、発酵日数を長くする、好気性発酵を促すなど）、一方で機能性成分であるポリフェノールを増やすためには発酵日数を短くするなど、商品の品質設計にあわせた発酵レシピを作ることが必要となる。

2　カカオ発酵に関与する微生物

カカオ発酵に関与する酵母、乳酸菌、酢酸菌の消長を表した[10][図7-14]。発酵初期に外部の環境から自然に侵入した微生物は急激に増殖し、初めの1～2日目は、酵母によるアルコール発酵、2～3日目は、乳酸菌が優勢となり、4～5日目は酢酸菌が優勢となる。6日間の発酵後、天日乾燥時においても、微生物が残存しているが、芽胞細菌や糸状菌はオフフレーバーなどの原因となるため、乾燥に時間を要すると品質劣化につながるため注意が必要である。

カカオ発酵の微生物学的研究については1990年代ごろから活発に

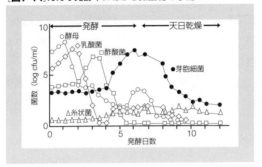

[**図7-14**]カカオ発酵中における微生物の挙動[10]

[**表7-2**]カカオ発酵中から単離・同定された主な微生物[11]

酵母	乳酸菌
Candida spp.	*Lactobacillus collinoides*
Hansenula spp.	*Lactobacillus fermentum*
Kloeckera spp.	*Lactobacillus mali*
Pichia spp.	*Lactobacillus plantarum*
Saccharomyces spp.	酢酸菌
Saccharomycopsis spp.	*Acetobacter ascendens*
Schizosaccharomyces spp	*Acetobacter rancens*
Torulopsis spp.	*Acetobacter xylinum*
	Glucononbacter oxydans

行わるようになり，微生物の単離・同定がなされてきた。西アフリカの
ガーナにおいてカカオ発酵で出現する微生物を［**表7-2**］に示す。酵母
について，Bielhらは30種類以上を報告している[11]。また無菌的に取
り出したカカオ豆にいくつかの選択した微生物を人為的に添加するこ
とで，チョコレートの風味をもつカカオ豆を得られたという報告もある[12]。

これらの研究は，制御された菌でカカオ豆の発酵を行う可能性を示唆するものであり，今後の研究がさらに進むことによりカカオ豆の品質向上，品質安定化，および発酵時間の短縮などが期待される。その一方で，熱帯地域の小農家が中心となって生産されるカカオにおいて，このようなコントロールを行うことは，管理された施設や流通の整備，作業者の教育などの解決するべき課題が多く，現実的には非常に難しい。

6   カカオプロジェクトの実行：カカオ産地における発酵制御

カカオ豆からチョコレートへの加工は非常に多くの工程が必要であり，製造設備，技術習得も必要となる。またチョコレートは熱帯地域の気温では融けてしまうため流通面での課題もある。ゆえに，カカオ産地でのチョコレート製造は限定的であり，カカオ生産農家は自らの農園で作ったカカオ豆がどのような味になるかを理解出来ない場合がある。

このようなカカオ豆生産環境において，より高品質なカカオ豆にするためには，農園から品種，発酵，乾燥，日本への輸出まで，チョコレートの品質を理解しているメーカー自らが関わることで，差別性があり，安定的で，持続可能なカカオ豆を独自入手できると考えた。より良質なカカオ豆生産を目指し，産地調査，実験（発酵および乾燥），サポート体制構築のため，フレーバー豆生産地域であるラテンアメリカでのカカオプロジェクトを実行した。実験の一例として南米ベネズエラにおける取組を簡単に紹介する。数十軒のカカオ農家の現状発酵方法の調査から，発酵日数は 0 〜 8 日，発酵箱のサイズも 1 〜2,000kg，乾燥日

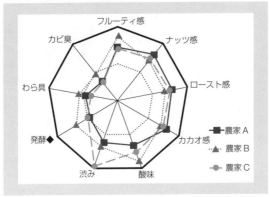

[図7-15]農家ごとの香味品質差

フルーティ感
ナッツ感
カビ臭
ロースト感
わら臭
カカオ感
発酵◆
酸味
渋み

■農家A
▲農家B
●農家C

出典：㈱明治分析値

数も1～8日とまちまちであり，更に調査農家生産のカカオ豆からチョコレートを作成，評価したが，香味ばらつきが大きい事がわかった［図7-15］。

　つまり一般的に流通しているカカオ豆はばらつきを無くすために，ブレンドによる平均化が行われているのである。特徴的な香味，安定的な品質を実現するためには，最適な発酵条件を確立することはもちろん，各農家への発酵方法の普及・啓蒙活動が不可欠である。カカオ産地で各農家が行う発酵における微生物管理を完全にコントロールすることは難しいが，少しでも品質を向上させるために同地にて発酵および乾燥実験を行った。発酵の進行を確認するにあたってわかりやすいのは，発酵中の品温をモニタリングすることである。カカオ発酵中に発酵箱内にセットした温度計を用い，経時的にデータを採取した［図7-16］。特に好気性発酵である酢酸発酵は発熱反応であり，発酵日数

[図7-16] カカオ発酵における品温変化

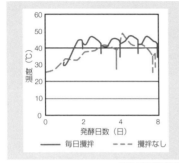

出典：㈱明治分析値

[図7-17] カカオ豆のカットテスト

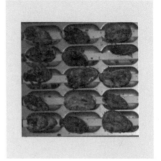

出典：㈱明治分析値

を長くする，あるいは攪拌することで促進される。

　最終的に得られたカカオ豆の発酵度はカットテストによって確認される [図7-17]。専用のカカオ豆カッターによって豆を2つに割り，断面の胚乳部の状態によって目視確認が行われる。よく発酵された豆は，褐色を呈し，皺が入っている。一方，発酵不良の豆は，グレー（スレーティ豆と呼ぶ）や紫色を呈し，皺がほどんと入っていない。この方法により発酵豆率と発酵不良豆率が計算され，カカオ豆の発酵状態を数値化している。

　実験により得られた各種データより良質なカカオ豆を生産する発酵日数と攪拌間隔の最適化を実施した。最適発酵方法が確立されたら，その方法を各農家に普及し，浸透させることが必要となる。このような実験，普及，浸透により発酵を制御することで得られたカカオ豆は，カカオ品種の特徴的な香りやポリフェノールなどの機能性成分を有し，付加価値の高い商品に活用が可能となる。そのためには，チョコレートの香味品質における発酵の重要性を農家と共有化，発酵に関わる

道具，生活等のサポートも行いながら，地理的に離れているカカオ豆生産国とチョコレート消費国が密にコミニュケ―ションをとることが品質向上，安定化へのカギとなる。

7　　　高付加価値チョコレートの商品化

　日本のチョコレート市場は約65％がミルクチョコレートであり，甘くてなじみのある味が受けいれられてきた。一方で近年，乳原料を使用しないダークチョコレートが嗜好性や機能性から注目され，「Bean to Bar」[5]と呼ばれるカカオ豆にこだわった特徴的な香味を有するチョコレートも増えている。各社ともに，カカオの産地・品種が持つ，それぞれの香りを特徴として，独自なローストを行うことで個性的な品質を表現している［**図7-18**］。さらには健康志向の高まりからチョコレート中のポリフェノール量を表示した製品の売り上げも拡大している。

　日本のダークチョコレート市場は欧米と比較するとまだこれからの段階であるが，カカオ豆に拘った高品質チョコレートは世界でも高い評価を得ている。フランス，イギリス，ベルギーなどチョコレートの食文化が豊かなヨーロッパにはプレミアムチョコレートを評価する品評会がある。例えば，サロン・デュ・ショコラ[6]との関係で有名なフランスのチョ

脚注

(5)──── カカオ豆からチョコレートまで一貫して製造するスタイル

(6)──── 世界各国で行われるチョコレートの祭典。10月末のパリが最も有名。多くのチョコレートメーカーが出展する。

［図7-18］カカオの特徴的な香味を表現した商品例

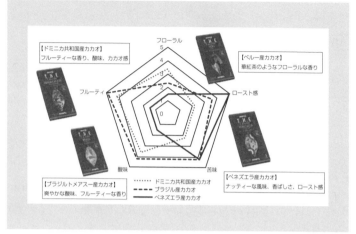

【ドミニカ共和国産カカオ】
フルーティーな香り、酸味、カカオ感

【ペルー産カカオ】
華紅茶のようなフローラルな香り

【ブラジルトメアスー産カカオ】
爽やかな酸味、フルーティーな香り

【ベネズエラ産カカオ】
ナッティーな風味、香ばしさ、ロースト感

・・・・・・ ドミニカ共和国産カカオ
－－－－ ブラジル産カカオ
―――― ベネズエラ産カカオ

（レーダーチャート軸：フローラル、ロースト感、苦味、酸味、フルーティ）

出典：㈱明治分析値

コレート愛好家による会「Club des Croqueurs de Chocolat（クラブ・デ・クロクール・ドゥ・ショコラ＝チョコレートをかじる人たちのクラブ）」[13] が品評25周年を記念して世界のトップシェフを称えた，ショコラティエ100選に日本の明治が異例のチーム授賞，タブレット部門では世界の14選に選出された。チョコレートの品質だけでなく，本商品を通して，カカオ生産者と良質なカカオ豆を作り，ビーントゥーバーを超えた「Farm to Barスタイル」[7] で高品質チョコレートを作り，手頃な価格とおしゃれなパッケー

脚注

（7）――― カカオ農園からチョコレートまで一貫製造するスタイル

ジでお客様に提供し，カカオ豆生産を持続可能なものする取組み含めた全体が評価された。このようにカカオ産地との協業により，カカオ豆から高付加価値チョコレートを創り出していくプロセスは，生産者と消費者のお互いにとっての利益につながっていくことになる。

8　　おわりに

　カカオ豆は赤道を挟んで南緯20度から北緯20度の間の国々で生産され，それぞれの国で品種や発酵方法が異なり，個性豊かな香味をもったチョコレートが生み出される。魅力的な香味を創出し，カカオ豆の生産を持続可能なものにしていくには，熱帯地域の生産地や生産者と，チョコレートの消費国である日本のメーカーとが，互いに求める品質を共有し，最適な品種，発酵方法の開発に取り組む必要がある。またチョコレートの香味発現のキーとなるさまざまな成分や発現メカニズムに関する更なる研究，カカオ豆生産プロセスの効率化による品質安定化も必要であろう。近年欧米や日本をはじめ多くの国々でひろがったBean to Barから，今後はFarm to Bar，カカオ農園（Farm）から，個性豊かなプレミアムチョコレートをお客様に提供するまでを追求し，ワインやコーヒーのように産地や品種や香味の違いを語りあいながら，チョコレートを食べる楽しさを提供し，チョコレートの食文化を醸成していきたい。

引用文献

[1]————国際ココア機関(ICCO)カカオ統計2018/19第3版

[2]————JC.Motamayor,AM.Risterucci,PA.Lopez,CF.Ortiz,A.Moreno,C.Lanaud：Heredity,89,380-386(2002)

[3]————S.Zarrillo,C.Lanaud,T.Powis,C.Viot,I.Lesur,O.Fouet,X.Argout,E.Guichoux,F.Salin,RL.Solorzano,O.Bouchez,H.Vignez,P.Severts,J.Hurtado,A.Yepez,L.Grivetti,M.Blake,F.Valdez：*Nature Ecology & Evolution*,2,1879-1888(2018)

[4]————S.Elwers,A.Zambrano,C.Rohsius,R.Lieberei：*Eur Food Res Technol*,229,937-948(2009)

[5]————S.T.Beckett：*Industrial Chocolate Manufacture and Use Fourth Edition*, Blackwell Publishing Ltd,169-170(2009)

[6]————A.C.Aprotosoaie,S.V.Luca,A.Miron；*Comprehensive Reviews in Food Science and Food Safety*, 15,73-91(2015)

[7]————G. Ziegleder：*Zeitschrift für Lebensmittel-Untersuchung und –Forschung*,191, 306-309 (1990)

[8]————D.Kadow,N.Niemenak,S.Rohn,R.Lieberei：*LWT-Food Sciense and Technology*., 62,357-361(2015)

[9]————D.Kadow,J.Bohlmann,W.Phillips,R.Lieberei：*Journal of Applied Botany and Food Quality*.,86,90-98(2013)

[10]————RF.Schwan,A.Wheals：Critical *Reviews in Food Science and Nutrition*,44,205-221(2004)

[11]————B.Biel,G.Ziegleder："Encyclopedia of Food Science and Nutrition," ed.by B.Caballero, Academic Press Oxford,1436(2003)

[12]————RF.Schwan：*Appl.Environ.Microbiol.*,64,1477(1998)

[13]————Club des Croqueurs de Chocolat：Guide/Awards, https：//www.croqueurschocolat.com/,(2020)

第8章

腸内細菌と健康・疾病の関わり

理化学研究所生命医科学研究センター

成島聖子

はじめに

　これまでの章では，微生物による発酵を用いた技術がさまざまな食品の分野で研究されていることが詳細に述べられてきた。一方，我々自身のお腹の中にも腸内細菌と呼ばれる多種多様な菌が共生しており，これらの集団すなわち「腸内細菌叢」が腸内で発酵などの代謝によって生成する多くの化合物，あるいは菌体の成分そのものが，宿主の免疫機能などを介して，健康や病態に非常に重要な役割を果している。

　ヒトや動物の腸内には，実に1,000種類，また菌の数としては10の12乗，あるいはそれ以上の菌が集団として生息している。この腸内細菌の集団，すなわち腸内細菌叢（Intestinal microbiota）は，多彩な種類の菌の集団がまるで咲き乱れるように存在し，お花畑をイメージさせることから腸内フローラ（Intestinal flora）とも呼ばれている。腸内細菌叢は，それを構成する菌たちが有する酵素により，難分解性多糖類の代謝，有害代謝産物の解毒，特殊な代謝産物の生成などを行い，病原体に対する生物学的防御，腸管上皮の分化誘導など，宿主にとって有益な，ときには害にもなりうるさまざまな機能を担っている。つまり我々にとって不可欠な「ひとつの臓器」として働いていると考えられる。私たちは腸内細菌叢とそれを構成する腸内細菌がいったいどのようにして宿主に影響を与えているのかを理解するために，またその知見を元に，本章5項で説明するプロバイオティクスやプレバイオティクスなどの健康に寄与する機能性食品や，あるいは医薬品として生菌製剤を開発することを最終目的として日々研究を重ねている。本章では，腸内細菌叢の生態学的な側面とその機能に関する基礎的な研究に重点をお

いて，最近の知見を含めて解説したい。他の分野と同様，腸内細菌の研究も日々進化し続けているのは言うまでもないが，この章で特に強調したいのは，その基盤を作り上げた先人たちの功績を忘れてはならないということである。そのため，腸内細菌の研究の歴史，特に日本人研究者の大きな貢献についてもぜひ知っていただきたい。

1　腸内細菌叢の研究の流れ

　腸内細菌の研究は1700年代にLeeuwenhoek（オランダ）が自作した顕微鏡を用いて糞便中の細菌を観察したところから始まったと言われている。1800年代に入るとPasteurやKochらが滅菌法や純粋培養法などを開発し，またEscherichによる大腸菌，Tissierによる*Bifidobacterium bifidum*，Moroによる*Lactobacillus acidophilus*など，重要な腸内細菌が相次いで発見された。1900年代半ばにはEggerthとGagnonが成人の腸内の主体は嫌気性菌であることを明らかにし，Hennel，日本の光岡知足博士らを中心としてヒトの腸内細菌の研究が本格化し，ヒトの腸内には*Bifidobacterium*が優勢菌として存在することを報告している。さらに，腸内細菌叢の中には非常に高い嫌気度を要求する嫌気性菌：Extremely-Oxygen-Sensitive（EOS）が数多く含まれることが明らかになると，これらを培養する手段として，ロールチューブ法，嫌気性チャンバー法，プレートインボトル法などの特殊な培養法が開発された。こうした先人たちの偉大な功績により，腸内菌叢の構成と，それぞれの菌が有する特性を理解することが次第に可能となり，腸内細菌学の礎が築かれた。しかし依然として培養することが困難な菌が残されており，

腸内細菌叢を網羅的に理解することは難しかった。1990年代には，FISH (fluorescence in situ hybridization) 法，クローニング法，マイクロアレイ法，DGGE(denaturing gradient gel electrophoresis)法，TGGE(temperature gradient gel electrophoresis) 法，T-RFLP (terminal-restriction fragment length polymorphism) 法，定量PCR (polymerase chain reaction) 法など種々の分子生物学的な菌の解析方法が開発され，培養によらない腸内細菌の解析が本格化した。更に2000年代に入ると，次世代シーケンサー（NGS）の普及に伴い，米国のヒトマイクロバイオームプロジェクト（Human Microbiome Project：HMP），欧州を中心としたMetaHITプロジェクト(Metagenomics of the Human Intestinal Tract)に代表される，「細菌叢：マイクロバイオーム」の国際的なプロジェクトが精力的に進められた。日本でも革新的先端研究開発支援事業（AMED-CREST, PRIME）の一環である「微生物叢と宿主の相互作用・共生の理解とそれに基づく疾患発症のメカニズム解明」事業が進行中である。NGSを利用したこれらのプロジェクトでは，ヒトの腸内細菌叢から細菌ゲノムDNAを抽出し，含まれるすべての細菌のゲノム塩基配列を直接，網羅的に解読する，いわゆるメタゲノム解析が行われ，膨大なデータが蓄積された。その成果として，マイクロバイオームの大まかな分類学的概要と，菌叢を構成する菌たちの機能をゲノムレベルで知ることができるようになり，腸内細菌叢と宿主の健康，疾病の相互作用に対する理解が飛躍的に深まった。腸内細菌叢はヒトの遺伝子数万個をはるかに凌駕する10万〜100万個に及ぶ遺伝子を有し，一つの集団として非常に多彩な機能を持つことが再認識され，これらの情報をもとにした腸内優勢菌種のゲノム再構築や，単一細胞からのゲノム情報解析などの新しい技術も試みられている。

このように研究は数百年にわたって段階を経ながら確実に進歩しているが，腸内菌叢の全容が明らかになればなるほど，菌叢構成菌にはまだ分離されたことのない菌が数多くいることも判明し，新たな菌を分離する試みは現在も続いている。

2　腸内細菌叢の生態についての研究

　腸内細菌叢の生態および機能について理解するためには，まず腸内に存在する細菌の種類や数を正確に把握することが不可欠であり，精度の高い腸内細菌叢の検索法を確立することが重要な課題である。細菌学はもともと病原体を分離，培養して菌の特徴を理解し，治療・予防につなげることが第一義の目的であった。対して腸内常在細菌叢の解析においては，直接の病原性を示さない，一見「その他大勢」に含まれる菌も含めて，その全貌を網羅的に（俯瞰的に）知ることが必要となってくる。常在菌と宿主の関係についても，その因果関係を証明するためには，コッホの法則に従って目的とする菌の分離が必要となる。光岡知足博士による高度な嫌気度を要求する菌を含めた培養法の確立は，その後の腸内細菌の研究に大きく貢献し，現在でも腸内細菌の培養法のスタンダードとして重要である[1, 2]。一方で，分子生物学的な手法が進むに従い，確かに腸内に生息していると思われるが，従来の培養法では集落を形成することが難しい，いわゆる難培養菌，未培養菌の存在がクローズアップされてきた。これらのうち研究者の創意工夫により，分離培養が可能となったものも多い。難培養菌の例として，150年以上前から多くの動物の腸内で存在が知られていたに

も関わらず，2015年になるまで*in vitro*での培養成功の報告がなかった[3]分節状の長いグラム陽性細菌（Segmented filamentous bacteria：SFB）がある。UmesakiらはマウスのSFBの特徴（芽胞形成能や小腸下部の上皮細胞に強く接着すること）を活かし，SFBのみが単独で定着したマウスを作出することでゲノム解読に成功した[4, 5]。またSFB単独定着マウスを用いることでこの菌がIgA産生細胞，Th17細胞を強く誘導し，宿主の免疫反応に対し大きな影響を与えることが明らかとなっている[6]。2020年には，ヒト小腸のサンプルからヒトSFBゲノム配列を解明したとの報告もあり[7]，この菌のヒトからの分離が待たれるところである。

　上記の例のほかにも未培養菌を含んだ，より多くの菌を分離するためのさまざまな工夫が行われている。一つは培地の組成や培養温度などの条件，あるいは他の菌との共生関係など，いかにして菌の生育に適した環境を作るかに着目した試み，もう一つは，培地に少量の抗生物質を添加する，あるいは培養前に熱や化学物質で処理をする，更には目的の菌しか利用できない糖を唯一のエネルギー源として添加するなど，いかに少数の菌を選択的に拾い上げるかという試みである。2012年にフランスのグループにより，Culturomicsという概念が紹介された。彼らは200種を超える培地と複数の培養条件で菌を生育させ，MALDI-TOF MSを用いた菌体タンパクのピークパターンと16SrRNAの塩基配列によってハイスループットな菌の同定方法を確立した[8]。その結果，これまで培養されてこなかった多くの種類の菌を分離培養することに成功している。日本においても腸内をはじめとした難培養菌の分離についてはさまざまな努力が行われており，未培養菌の分離に成功している[9, 10]。

3   ヒトの腸内細菌叢

　消化管は口から肛門までの長い一本の管と考えることができる。この管における菌の分布を順に観察すると，まず口腔内には特有の細菌が唾液 1 mLあたり，約10^8個程度存在するが，これらの菌のほとんどは胃酸の作用によって死滅してしまうため，胃には強酸性条件に耐えられる限られた菌のみが10^{3-4}のオーダーで生息する。ついで小腸上部では，肝臓や膵臓から胆汁，膵液がそれぞれ分泌されるため，これらの成分の存在下で生きられる10^{3-4}の菌数しか存在しない。回腸に入ると通性嫌気性菌を主として菌数は10^{7-8}まで大きく増加し，更に腸内の嫌気度が上昇する回腸の末端では偏性嫌気性菌が生息可能になり，Firmicutes門Lachnospiraceae（ラクノスピラ科），Bacteroidetes門などがみられるようになる。大腸に入るとさらに嫌気度が高くなり，偏性嫌気性菌を中心に10^{11-12}あるいはそれ以上の菌が存在するようになる[11]。ヒトの腸内細菌叢は，Firmicutes, Bacteroidetes, Actinobacteria, Proteobacteriaの 4 つの門に属する菌で殆どが占められている。健康なヒトでは，腸内細菌叢は出生後から成人に達するまでの間，特に離乳期の前後でダイナミックに変化するが，その後は大まかに安定して維持している。しかし個人間の菌種組成の差はかなり大きく，これは食事の影響だけでは説明がつかないようである[12]。Hattoriらが世界各国の腸内菌叢構成をメタゲノム解析で比較した結果，健常者同士での各国間の菌種組成の違いは，一つの国の中での健常者と患者との違いよりも大きかった。また日本人の腸内細菌叢には炭水化物の代謝能が高い，鞭毛を持つ菌が少ない，修復関連の遺伝子が少ない，古細菌の一種である*Methanobrevibacter smithii*が少ないなどの特徴が

見られており，これらの特徴と，日本人が一般にBMI値が低く，長寿であることとの関係も示唆されている。興味深いことに，海苔などの海藻類の食物繊維を分解できる酵素の遺伝子を持っている人の割合は，日本人が他国を大きく上回っていたことから，長い年月をかけて日本人と腸内細菌がともに共生進化していることをうかがわせる[12]。留意すべきは，それぞれの菌叢を構成する菌の名前は異なっていても，菌の集団としての酵素機能に着目してみると，大きな差はないようである。このように腸内菌叢にはさまざまな菌が含まれているが，前述した光岡知足博士によれば，人間社会が全て善人で成り立っている訳ではないのと同様に，腸内細菌叢も善玉菌：悪玉菌：日和見菌の割合が２：１：７の程よいバランスを保っている状態が最も安定し，理想的であるとされている。

4　腸内細菌叢の生態

　これまで長年研究されてきた腸内細菌の生態について，少しまとめてみる。

●───1　宿主へのエネルギー代謝の調節

　腸内細菌叢と宿主のエネルギー代謝との関連に関して最も注目された論文の一つに，痩せたマウスの腸内細菌を無菌マウスに移植してもマウスは太らないが，肥満者の腸内細菌を移植するとマウスは肥満し，その肥満マウスの腸内細菌叢の組成は健康なマウスと異なっていたとするものがある[13]。大腸の腸内細菌はヒトが消化できない可溶性

の食物繊維や難消化性のでんぷんを発酵分解してさまざまな代謝産物を生成し，特に大腸上皮細胞のエネルギー源となる短鎖脂肪酸（酢酸，プロピオン酸，酪酸など）を産生することで宿主に貢献している。短鎖脂肪酸の一部は肝臓でのエネルギー基質，脂肪合成の基質あるいは糖新生の材料として用いられる。短鎖脂肪酸は細胞膜にあるGタンパク質共役受容体（GPR）のリガンドとしても働くことでエネルギー代謝に関わっており，更に最新の研究では，妊娠中の母マウス腸内細菌叢が産生する短鎖脂肪酸が，胎児期から既に発現している仔マウスの受容体を介して生後の代謝に影響を与えることも明らかとなる[14]など，腸内細菌が一生を通じての宿主の代謝に重要な役割を果たしていることが証明されている。

2　宿主に対する防御作用

　腸内細菌は，宿主を病原菌から守る働きも有している。その作用は大きく2つに分けられる。一つは直接的な作用で，これは病原体との栄養の競合による病原体の排除（例えば病原性大腸菌やサルモネラ，*Clostridium difficile*とシアル酸やフコースなどの競合），あるいはバクテリオシンやⅥ型分泌機構による*Pseudomonas*, *Vibrio*，一部の*Bacteroides*の排除などである。もう一つは間接的な作用で，これは短鎖脂肪酸や二次胆汁酸など菌の代謝産物による病原菌の排除，あるいは菌が宿主に作用して産生誘導した抗菌ペプチドによる*Enterococcus*や*Listeria*などの排除などである[15]。

3　宿主免疫系の発達

　無菌マウスを解析すると，全身のリンパ組織が未発達状態で，リン

パ球数，抗菌ペプチド，免疫グロブリンIgAが通常マウスと比べて低いことがわかる。腸内細菌はIgAの産生，上皮MHCclassIIの発現，樹状細胞やNK細胞の活性化，さらに粘膜のCD4陽性T細胞，IFNg産生CD8陽性T細胞の誘導など，実に広範囲の免疫系細胞に働きかけ，免疫システムの発達に不可欠であることが明らかとなっている[16, 17]。また，腸内細菌はアレルギーとも深い関連がある。いわゆる「衛生仮説」で説明されるように，乳幼児期に清潔な環境で育った子供は病原体へ暴露が不十分であったために免疫応答のTh1への偏向が起きず，アレルギーを発症しやすいと言われている。また腸内細菌の定着の時期も重要であり，無菌マウスが成獣になってから菌叢を定着させてもIgE応答を抑制できない。離乳直後に芽胞を形成する菌の集団を無菌マウスに投与することで，腸管バリア機能が強化され，食物アレルギーを抑制したという報告もあり[18]，腸内細菌は宿主の免疫にも大きな役割を果たしていることがうかがえる。

5　　腸内細菌叢と dysbiosis

　腸内細菌叢は宿主の健康だけではなく，炎症性腸疾患，過敏性腸症候群，などの消化管の疾病，さらに肥満，糖尿病，非アルコール性脂肪性肝炎（NASH），移植片対宿主病（GVHD），肝硬変，喘息，心血管疾患，神経疾患など，他の臓器の，あるいは全身性の疾患とも深く関係していることが次々に報告されている。これらの疾患に共通して見られるのは，腸内菌叢が健康な状態と比べて異なった様相を示していることである。このような状態を「dysbiosis：腸内菌叢の乱れ」と呼

んでいる。Dysbiosisはそれぞれの病態に特徴的な表現型を示すことも多く，Bacteroides, Firmicutesに属する優勢菌の減少，あるいは*E. coli*などProteobacteriaの増加といった構成バランスに異常をきたす場合，あるいは構成する菌種の数が減少する場合など，さまざまなパターンが見られる。

◉──── 1 Dysbiosis の原因と dyabiosis が引き起こす病態

　Dysbiosisが生じる原因はさまざまで，これまでにわかっているものだけでも遺伝，環境，感染，食事，抗生物質やプロトンポンプインヒビター（PPI）などの薬剤，さらには腸管粘膜のバリアの異常などが挙げられる。例えば高脂肪食は菌叢のバランスをBacteroides門からFirmicutes門およびProteobacteria門に傾けると報告されている。また，長期間偏食を続けていると，その食物を栄養源とする菌が相対的に増えてしまう可能性もある。

　一方で逆に，dysbiosisそのものが，今度は慢性炎症や疾患の発症・持続の「原因」となり得ることも明らかとなっている。低繊維食によるDysbiosisでは，腸内細菌が繊維を発酵して産生する短鎖脂肪酸濃度が低下することで，抗炎症作用の低下と腸管の透過性の増大を招き，炎症が起こりやすい環境になる。Dysbiosisは炎症性疾患だけではなく，免疫系や神経系，内分泌系の調節異常に起因するアレルギーやリウマチ，多発性硬化症などの自己免疫性疾患，肥満や糖尿病などの生活習慣病，さらには精神性疾患などの発症や増悪の原因であるとする報告が数多くされている。そのメカニズムについてはまだ解明されていない部分が多いが，dysbiosisが起こることにより免疫系の恒常性が保てなくなり，炎症が惹起されるのではないかと推測される。健康な

状態では，腸内細菌叢の中で免疫系を活性化する菌と抑制するような細菌が均衡を保っている。何らかの原因でdysbiosisの状態に陥ると菌のバランスが崩れ，免疫の異常な活性化が起きる。すると通常では応答しないはずの内外からの物質などに対して過剰に反応し，やがて粘膜バリアの機能にも異常をきたし，慢性的な炎症が起きてしまうと考えられる。

　Dysbiosisが炎症や疾患の原因と成り得るのであれば，これを改善することで，実際に疾患を治癒の方向へ導くことも可能であると考えられる。具体的なdysbiosisの改善手段として，以下に述べるプロバイオティクスや便移植などが挙げられる。

2　プロバイオティクス

　第1章で詳しく述べられているように，人類の歴史の中では遥か昔から発酵技術を利用したさまざまな食生活上の工夫が行われてきたが，20世紀の初めに「免疫食細胞説」でノーベル賞を受賞したMetchnikoffが「ヨーグルトが長寿に有効である」と提唱したことがプロバイオティクスの原点であると言われている[19]。プロバイオティクス（Probiotics）は20世紀半ば，家畜の生産性を高めるために使用されていた抗生物質（Antibiotics）に対して作られた言葉であり，1989年に，Fullerにより「腸管内の微生物環境を変化させることにより宿主に有益な効果をもたらす生菌剤」と定義された[20]。プロバイオティクスとして用いられる代表的な菌はLactobacillusとBifidobacteriumであろう。Lactobacillusは分類学上のFirmicutes門に属し，その多くは通性嫌気性菌すなわち好気的な環境でも生育できる菌である。腸内で糖類を代謝してATPを得る際に産生する乳酸が腸管内のpHを下げることで病

原菌の増殖を抑制し，また腸管蠕動運動を促進する。一方
Bifidobacterium：ビフィズス菌はActinobacteria門に属するグラム陽性
の偏性嫌気性細菌で，母乳栄養児の大腸の最優勢な菌である。ビフィ
ズス菌は乳酸以外に酢酸を産生するヘテロ乳酸菌であり，特殊な解
糖系を有することで効率良くATPを生産する。偏性嫌気性であるため，
その生育場所はほぼ大腸に限られるが，ヒト腸内では乳酸菌よりもか
なり菌数が多い。プロバイオティクスは感染・アレルギー，消化器の炎
症を含むさまざまな疾患，生活習慣病，ガン，心身医学，口腔歯科，
小児科，加齢など幅広い臨床の分野でその効果が報告されている。
乳酸菌，ビフィズス菌については詳細に書かれた成書を参考にされた
い[21]。

3　便移植

便微生物叢移植(fecal microbiota transplantation：FMT)とは，dysbiosis
が腸内菌叢における多様性の減少，バランスの異常を特徴とすること
に対応して，便という菌叢の集団そのものを補充することにより異常を
改善しようという試みである。2013年にvan Noodらが*Clostridium
difficile*感染症(CDI)による難治性偽膜性腸炎に対して「健常者の便移
植」の無作為抽出試験を行った結果，dysbiosisがFMTにより顕著に改
善し，高い疾患治癒効果を示したと報告した[22]。CDIは，抗生剤な
どの投与によりdysbiosisが誘導された腸管内に抗生剤耐性の
*Clostridium difficile*菌が異常増殖し，この菌が産生する毒素によって時
に生命に関わる腸炎を発症する。CDIの重篤化が欧米で問題となる
中でこの報告は脚光を浴び，この数年の間に世界各国で便移植関連
の研究，臨床試験数が急増している。日本国内でも，大学をはじめと

した施設が, 難治性腸疾患患者や潰瘍性大腸炎患者などを対象とした治験を開始している。2020年には順天堂大学のグループが, 抗生剤併用便移植療法 (A-FMT療法) のドナーについて兄弟, 同世代のドナーが便移植療法の長期治療効果を高めるという興味深い報告をしている[23]。注意しなければならないのは, 便そのものの移植には, ロットによる差や, 未確認の病原微生物なども移行してしまう重大なリスクが潜在することである。FMTの実施には, 非常に厳格な便のスクリーニングが必須であり, またFMTの次の段階として, 便の中でkeyとして働く有効な菌種, もしくはそれに由来する生理活性物質を同定することで, 便移植に代わるような次世代の治療法を開発することが期待されている。

6　腸内細菌叢と病態との関係を研究する

　腸内細菌叢の研究は,「どの腸内細菌種が, どのように宿主免疫システムに影響を与えているのか」を明らかにする段階に移行している。そのために非常に有効なツールとして, 無菌 (Germ-free) マウス, および無菌マウスに特定の細菌種だけを定着させたノトバイオート (Gnotobiote) マウスが用いられている。ノトバイオートマウスを用いることで, 菌の作用を個別に把握し, 菌同士あるいは菌と宿主の関係を単純化して解析することが可能となり, メカニズム解読の足がかりとなる。

● 1　無菌マウスとノトバイオート技術
　古くPasteurの時代には, 腸内細菌叢は宿主が生きていく上で不可

欠であると考えられていたが，1945年アメリカのReyniersが無菌ラット
の繁殖に成功し，必ずしも腸内細菌が不可欠という訳ではないことが
判明した。意外にも無菌マウスは通常マウスよりも寿命が長かった[24]。
しかし，無菌動物は生理的に通常動物と大きく異なった特徴を示す生
物であり，腸内細菌叢が宿主に非常に重要な役割を果たしていること
は明らかである。ノトバイオートとは，ギリシャ語で既知を意味する
gnotosと生命を意味するbiosからつくられた造語である。1959年
Trexlerによるビニールアイソレーターの導入で無菌動物の維持管理が
容易になると，各国でノトバイオートマウスを用いた研究が盛んになっ
た。さらに近年，メタゲノム・メタ16S解析技術の進歩に伴い，特定の
免疫細胞に影響を与える菌をある程度予測することが容易になったこ
とで，より有効なメカニズムの解析手段として再び注目を集めている。
この方法によって，腸内フローラの構成細菌それぞれが，異なる形で
宿主免疫細胞の分化や機能に影響を与え，宿主の免疫系を制御して
いることが徐々に明らかとなりつつある。

　ここで少し話がそれるが私たちが研究する上で重要な実験動物の
腸内細菌について少し述べておく。動物実験においては，実験ごとに，
あるいは各研究施設によって動物が有する腸内細菌叢が異なると，実
験結果にも大きな影響が出てしまうため，腸内細菌叢をコントロール
（標準化）することは非常に重要である。伊藤らがマウスの腸内細菌叢
を詳細に検討し，マウスには特有の基盤となる菌群が存在し，それぞ
れに生理的役割があることを明らかにした。マウスの盲腸サイズを指
標にした正常化には数十種類の*Clostridium*（C）が，腸内の大腸菌数を
正常化するにはCに加えて*Lactobacillus*（L）が，更に緑膿菌の定着阻止
にはC，Lに加えてBacteroidaceae（B）が必要であり，この菌の組み合

わせはSPF（specific pathogen free）マウス標準化の種菌として応用されている[25]。

◉──── 2 特定の腸内細菌群が宿主の免疫系に影響を与えている。

　上記のツールを用いて数多くの研究が行われた結果，宿主の免疫に腸内細菌が多大な影響を与えていることが明らかとなっている。たとえば福田・大野らは無菌マウスを用いた出血性大腸炎菌O157感染死モデルにおいて，特定のビフィズス菌（*Bifidobacterium longum*）を予め定着させておくことで感染死を予防できることを報告した[26]。この菌はフルクトースのトランスポーターを発現し，高い糖の代謝能によって酢酸を多く産生することでO157感染症を予防できる。無菌マウスの大腸では，炎症に対し抑制的に働く制御性T細胞（Treg細胞）の割合は少ないが，常在菌が定着したマウスではこの細胞が誘導されて増殖している。このことからTregs細胞を誘導する菌を検索したところ，マウスの盲腸サイズを正常化する前述のClostridiaにその能力があることが明らかとなった。これを応用してヒトの便からノトバイオート技術を用いて段階的に菌を分離し，Clostridiaの17菌株が協力して産生した酪酸が腸管上皮細胞からのTGFβ産生を促すことで制御性T細胞を誘導し，マウス腸炎症の抑制に成功している[27, 28]。

　腫瘍に対する治療のうち，日本の本庶佑博士がノーベル賞を受賞したことで広く知られることとなった免疫チェックポイント阻害薬抗PD-1抗体は，宿主の負の免疫制御を阻害することで免疫系が本来有している腫瘍細胞を攻撃する機能を刺激する薬物である。この抗PD-1抗体治療には，効果が見られる20〜30％の患者（Responder）と，残りの効きづらい患者（Non-responder）が存在するが，腸内菌叢の多様性と

抗PD-1抗体への反応性に関係がある（non-responderの腸内菌叢は dysbiosis）こと，またそれぞれに特徴的な菌の存在を示す報告が発表された[29]。免疫細胞の中でも特にIFNgというサイトカインを産生するCD8陽性T細胞に着目し，無菌マウスを利用してこの細胞を強く誘導する菌の集団をヒト便から分離して癌細胞を移植したマウスに投与することによってある程度の腫瘍抑制効果がみられたばかりか，抗PD-1抗体との併用により顕著な腫瘍増殖抑制効果が得られた[30]。

7　　　おわりに

　1700年代から続く腸内細菌についての研究は，筆者が学生の頃には大変マニアックでマイナーな分野という認識であった。ここ20年ほどの技術の革新的な進歩と，腸内細菌と疾患との関連が明らかになったことで，にわかに研究者の興味が注がれるようになり，現在では毎日のようにMicrobiotaという言葉が聞かれる程である。しかし現在のような腸内細菌叢についての深い理解は，過去の偉大な先人たちの多大な努力によって道が切り開かれた延長上にあることをつい忘れてしまいがちである。私達が想像している以上に，腸内細菌叢は我々の体の一部，重要な一つの臓器として存在していることが明らかとなった今，改めてその歴史を思い起こしていただけると嬉しい。今後，技術の進歩とともに，更に新たな菌が分離され，その機能が明らかになることで，ますますヒトの健康と切り離せない要素となるであろう。また腸内菌叢をコントロールすることで，病気を軽減，あるいは治療することが普通に行われる日が来るかもしれない。

引用文献

[1]————A new selective medium for Bacteroides. Mitsuoka T. et al, Zentralbl Bakteriol Orig 195:69, 1964

[2]————Improved methodology of qualitative and quantitative analysis of the intestinal flora of man and animals. Mitsuoka T. et.al, Zentralbl Bakteriol Orig 195:455, 1965

[3]————Growth and host interaction of mouse segmented filamentous bacteria in vitro. Schnupf P. et al, Nature 520:99, 2015

[4]————Segmented filamentous bacteria are indigenous intestinal bacteria that activate intraepithelial lymphocytes and induce MHC class II molecules and fucosyl asialo GM1 glycolipids on the small intestinal epithelial cells in the ex-germ-free mouse. Umesaki Y. et al, Microbiol Immunol 39:555, 1995

[5]————Complete genome sequences of rat and mouse segmented filamentous bacteria, a potent inducer of th17 cell differentiation. Prakash T. et al, Cell Host Microbe 10:273, 2011

[6]————Induction of intestinal Th17 cells by segmented filamentous bacteria. Ivanov II. et al, Cell 139:485, 2009

[7]————Genome sequence of segmented filamentous bacteria present in the human intestine. Jonsson H. et al, Commun Biol 3:485, 2020

[8]————Microbial culturomics: paradigm shift in the human gut microbiome study. Lagier JC. et al, Clin Microbiol Infect 18:1185, 2012

[9]————いくつかの未培養・難培養性腸内細菌の分離と生理的および細菌学的性状. 高田敏彦, 他 腸内細菌学雑誌 30:166, 2016

[10]————微生物の固体培養法の限界とその打破を目指して. 鎌形洋一　土と微生物 71: 2, 2017

[11]————Gut microbiota in health and disease. Sekirov I. et al, Physiol Rev 90:859, 2010

[12]————The gut microbiome of healthy Japanese and its microbial and functional uniqueness. Nishijima S. et al, DNA Res 23:125, 2016

[13]————Gut microbiota from twins discordant for obesity modulate metabolism in mice. Ridaura VK. et al, Science. 341:1241214, 2013

[14]————Maternal gut microbiota in pregnancy influences offspring metabolic phenotype in mice. Kimura I. et al, Science 367: eaaw8429, 2020

[15]————Resurrecting the intestinal microbiota to combat antibiotic-resistant pathogens. Pamer EG. Science 352:535, 2016

[16]————The microbiota in adaptive immune homeostasis and disease. Honda K. et al,

Nature 535:75, 2016

[17]―― Interactions between the microbiota and the immune system. Hooper LV. et al, Science 336:1268, 2012

[18]―― Commensal bacteria protect against food allergen sensitization. Stefka AT. et al, Proc Natl Acad Sci U S A. 111:13145, 2014

[19]―― 長寿の研究.楽観論者のエッセイ. Metchnikoff II著,平野威馬雄訳,日本ビフィズス菌センター編.幸書房. 2006

[20]―― Probiotics in man and animals. Fuller R. J Appl Bacteriol 66:365, 1989

[21]―― 乳酸菌とビフィズス菌のサイエンス. 日本乳酸菌学会編　京都大学学術出版会 2010

[22]―― Duodenal infusion of donor feces for recurrent Clostridium difficile. van Nood E. et al, N Engl J Med 368:407, 2013

[23]―― Matching between Donors and Ulcerative Colitis Patients Is Important for Long-Term Maintenance after Fecal Microbiota Transplantation. Okahara K. et al,. J Clin Med 9:1650, 2020

[24]―― The gnotobiotic animal as a tool in the study of host microbial relationships. Gordon HA. et al, Bacteriol Rev 35:390, 1971

[25]―― 実験動物における腸内菌叢の標準化の研究. 伊藤喜久治　Exp Anim 39:1, 1990

[26]―― Bifidobacteria can protect from enteropathogenic infection through production of acetate. Fukuda S. et al. Nature 469:543, 2011

[27]―― Induction of colonic regulatory T cells by indigenous Clostridium species. Atarashi K. et al, Science 331:337, 2011

[28]―― Treg induction by a rationally selected mixture of Clostridia strains from the human microbiota. Atarashi K. et al, Nature 500:232, 2013

[29]―― Elucidating the gut microbiota composition and the bioactivity of immunostimulatory commensals for the optimization of immune checkpoint inhibitors. Daillère R. et al, Oncoimmunology 9:1794423, 2020

[30]―― A defined commensal consortium elicits CD8 T cells and anti-cancer immunity. Tanoue T. et al, Nature 565:600, 2019

あとがき

　この本の刊行を思い立ったのは，私自身が「発酵食品学」の授業に
参加いただいた講師の方々の講義を聞いて感動したからである。実
際に何十年もの月日をかけてヨーグルト・ビール・ワイン・醤油やチョ
コレートの製造や研究開発あるいは腸内細菌の研究に携わってきた
人達の話は，単に本の知識で紹介される講義とは全く異なる重みと面
白さが伝わってきて本当に魅了された。私や学生達が受けた感動を
より多くの方々に伝えたかったのが，本書発刊の発端である。

　発酵食品は何千年もの間，人類の生活に深く根付いた歴史を持つ
と同時に，比較的新しい学問の対象でもある。というのも人類が微生
物という存在を知ったのは17世紀後半にレーベンフックが顕微鏡を開
発し，微生物という存在を認識してからであり，ようやく19世紀になっ
てパスツールが発酵は微生物の力によることを見出した。そして，その
後に進展した微生物学を基礎とした「発酵食品学」が生まれたわけで
ある。

　日本では室町時代にはすでに“もやし屋”が種麹を販売しており，味
噌・醤油・日本酒製造に関わる「保存食としての発酵食品」の長い歴
史があり，さらに戦後に普及したヨーグルト・チーズやチョコーレートも
瞬く間に日本人の食生活に溶け込み，愛されるようになった。

　これらの発酵食品が新しい角度から注目され始めたのは微生物学
や免疫学の進展によって，腸管がヒトの免疫系の最大の器官であるこ
と，そして腸内細菌と健康との深い関わりが解明され始めたからである。
この10年間で，腸内細菌のメタゲノム解析やメタボーロム解析といった
網羅的な解析が身近に使用できるようになったために，研究が格段に

進んできている。これにはコンピューターのスペックが加速度的に上がり，次世代シークエンサーによる解析が手軽にできるようになってきた背景がある。すなわち紀元前から続く伝統食品である発酵食品の生体への効果の解析は，新しい技術によってめざましく進展している。

　私達の腸は発酵食品に含まれる微生物の死んだ菌体（または菌体の破片）を取り入れた刺激によって，その免疫系が賦活化される。またヨーグルトの様に微生物が生きたまま腸に届いた場合は，その代謝物が他の腸内細菌に作用したり，腸の中で私達の免疫系や代謝系を直接刺激したりと，発酵食品が多様な形で腸管免疫系や腸内細菌叢に働きかける機能を持つことが，詳細なメカニズム解析とともに報告されるようになった。そして本書にあるように，そのような機能を増強させた発酵食品がデザインされるようになってきた。また発酵食品に含まれる微生物のゲノム遺伝子配列が明らかになり，遺伝子工学を用いた研究が進むにつれて，発酵特性のみならず腸管との相互作用などの解明も進んでいる。

　このように発酵食品は，微生物学や免疫学の進歩，そしてそれを支える情報処理能力の進展に伴って進化してきた。さらに現在では，"持続可能な社会"のために必要な植物由来あるいは微生物由来のタンパク質を含む食品を開発する上で，"発酵"の力がこれまで以上に必要とされている。"持続可能な社会"を維持するために，発酵食品はますます進化していくことが予想される。したがって本書「"進化している発酵食品"学」は2022年度版であり，5年後にはさらに進化した「"発酵食品"学」が存在すると期待して結びの言葉とする。

著者略歴

佐々木泰子(ささき・やすこ)

1951年生まれ。明治大学農学部農芸化学科発酵食品学研究室教授。東京大学農学系大学院博士課程修了。農学博士。東京大学農学部放射線同位元素施設助手, 株式会社 明治 研究所を経て, 現職。専門は乳酸菌の遺伝学, 特にヨーグルト発酵乳酸菌の酸や酸素・低温などのストレス耐性, 2種の乳酸菌の共生に関わる研究が専門。

堀内啓史(ほりうち・ひろし)

1972年生まれ。株式会社明治 研究本部技術研究所・次世代ものづくり研究部エキスパート。博士(バイオサイエンス)。九州大学農学部卒。九州大学大学院農学研究科修士課程修了。

仲原丈晴(なかはら・たけはる)

1976年生まれ。キッコーマン株式会社 研究開発本部。博士(農学)。東北大学大学院農学研究科博士前期課程修了。

鈴木康司(すずき・こうじ)

1967年生まれ。アサヒクオリティーアンドイノベーションズ株式会社フェロー。博士(農学)。東京大学大学院農芸化学科博士課程修了。専門はビール醸造微生物学, 研究課題は食品・飲料産業に関わる微生物品質保証技術の開発。著書に『発酵・醸造食品の最新技術と機能性Ⅱ』(分担執筆, シーエムシー出版)ほか。

清水健一(しみず・けんいち)

1948年生まれ。株式会社フード&ビバレッジ・トウキョウ。東京大学農学系大学院博士課程修了。農学博士。協和発酵工業酒類開発部長, 門司工場長, アサヒビール株式会社理事商品企画本部副本部長, 理事食品研究開発本部副本部長などを経て現職。著書に『ワインの科学』(講談社ブルーバックス),『ワインの秘密』(PHP研究所),『Mysteries of Wine』(PHP研究所, 英文)など。

宇都宮洋之(うつのみや・ひろゆき)

1967年生まれ。株式会社明治 研究本部商品開発研究所・カカオ開発研究部長。東京水産大学食品生産化学専攻修士課程修了。担当業務はカカオ・チョコレート研究および商品開発。カカオクリエイター®。

崎山一哉(さきやま・かずや)

1973年生まれ。株式会社明治 研究本部商品開発研究所・カカオ開発3G長。慶應義塾大学理工学研究科応用化学専攻修士課程修了。担当業務はカカオ・チョコレート商品開発，素材開発。

成島聖子(なるしま・せいこ)

1963年生まれ。国立研究開発法人理化学研究所・生命医科学研究センター上級研究員。博士(獣医学)。東京大学大学院農学生命科学研究科博士課程修了。専門は腸内細菌学・実験動物学，特に無菌マウスを用いた腸内細菌と宿主の相互作用の研究。

明治大学リバティブックス

"進化している発酵食品"学

2022年3月31日　初版発行

編著者 ⋯⋯⋯⋯⋯⋯	佐々木泰子
発行所	明治大学出版会
	〒101-8301
	東京都千代田区神田駿河台1-1
	電話　03-3296-4282
	https://www.meiji.ac.jp/press/
発売所 ⋯⋯⋯⋯⋯⋯	丸善出版株式会社
	〒101-0051
	東京都千代田区神田神保町2-17
	電話　03-3512-3256
	https://www.maruzen-publishing.co.jp
ブックデザイン ⋯⋯⋯⋯	中垣信夫+中垣具
印刷・製本 ⋯⋯⋯⋯⋯	共立印刷株式会社

ISBN978-4-906811-32-8 C0045

新装版〈明治大学リバティブックス〉刊行にあたって

教養主義がかつての力を失っている。

悠然たる知識への敬意がうすれ,

精神や文化ということばにも

確かな現実感が得難くなっているとも言われる。

情報の電子化が進み, 書物による読書にも

大きな変革の波が寄せている。

ノウハウや気晴らしを追い求めるばかりではない,

人間の本源的な知識欲を満たす

教養とは何かを再考するべきときである。

明治大学出版会は, 明治20年から昭和30年代まで存在した

明治大学出版部の半世紀以上の沈黙ののち,

2012年に新たな理念と名のもとに創設された。

刊行物の要に据えた叢書「明治大学リバティブックス」は,

大学人の研究成果を広く読まれるべき教養書にして世に送るという,

現出版会創設時来の理念を形にしたものである。

明治大学出版会は, 現代世界の未曾有の変化に真摯に向きあいつつ,

創刊理念をもとに新時代にふさわしい教養を模索しながら

本叢書を充実させていく決意を,

新装版〈明治大学リバティブックス〉刊行によって表明する。

2013年12月

明治大学出版会